水利工程项目参与方信任及其绩效

汪伦焰　李慧敏　著

科学出版社

北京

内 容 简 介

本书在文献综述的基础上,从施信方和受信方两个维度,个人、群体和组织三个层次研究了组织间信任跨层次协同演化机制。把信任倾向、信任信念、受信方特征和基于制度的信任作为初始信任动机产生的前因变量。通过实证的研究方法揭示水利工程建设参与方初始信任的产生机制。以组织间信任和机会主义为预测变量,组织间关系为中介变量,项目绩效为结果变量,通过多项式回归的实证研究方法,研究组织间信任和机会主义对项目绩效的影响机理。

本书可供高等学校工程管理专业和土木工程专业师生学习参考,也可供建设工程项目管理人员和政府建设管理部门阅读、借鉴。

图书在版编目(CIP)数据

水利工程项目参与方信任及其绩效/汪伦焰,李慧敏著. —北京:科学出版社,2016.1

ISBN 978-7-03-045601-4

Ⅰ.①水… Ⅱ.①汪… ②李… Ⅲ.①水利工程管理-项目管理
Ⅳ.①TV512

中国版本图书馆 CIP 数据核字(2015)第 203025 号

责任编辑:周 炜 张晓娟 / 责任校对:郭瑞芝
责任印制:张 伟 / 封面设计:迷底书装

科 学 出 版 社 出版
北京东黄城根北街 16 号
邮政编码:100717
http://www.sciencep.com

北京教图印刷有限公司印刷
科学出版社发行 各地新华书店经销
*
2016 年 1 月第 一 版 开本:720×1000 B5
2016 年 1 月第一次印刷 印张:10
字数:200 000
定价:80.00 元
(如有印装质量问题,我社负责调换)

前　言

在水利工程建设项目中,业主、承包商(工程总承包商和分包商)、供应商、监理单位等参与方,共同构成了复杂的组织系统。项目参与方之间特别是业主(工程项目法人)与承包商之间,目标不统一,很多情况下是冲突的,这就使业主和承包商之间在合作过程中互相防备,小摩擦往往演化为争端,直接影响项目的进度、质量、成本。这种现象普遍存在的重要原因是水利工程建设参与方之间缺乏信任。

本书主要从业主的视角,研究水利工程建设参与方初始信任是如何产生的,参与方组织间存在信任关系之后,又是如何影响项目绩效的。本书主要研究内容如下。

(1)水利工程建设组织间信任跨层次协同演化。从施信方和受信方两个维度,个人、群体和组织三个层次研究信任的层次性。把信任发展的过程分为产生、维持和破坏三个阶段。两个组织中某个个体的人际间信任能够作为群体间或者组织间信任发展的基础和组织环境。相反地,信任的历史环境和两个组织间的合作关系可能使得代表各自组织的管理人员团体之间产生信任或者使两个企业管理人员个体之间产生信任。这种在个体间、群体间和组织间不同层面信任的协同关系称为"信任的协同演化"。一个层次的信任将会随着时间而变化,并由此成为另一个层次动态信任发展的基础和组织环境。个体间、群体间和组织间不同层次的信任存在相互影响的协同关系。

(2)揭示水利工程建设参与方初始信任的产生机制。把信任倾向、信任信念、受信方特征和基于制度的信任作为初始信任动机产生的前因变量。通过构建水利工程建设参与方信任的前因变量和信任动机之间的因果关系模型,应用结构方程、AMOS 软件进行实证研究。实证研究的结果发现,施信方信任倾向能够促进其本身对制度的信任,还能够加强其本身的信任信念,但是施信方的信任倾向不能直接产生信任动机。施信方的信任动机要通过对"制度的信任"和"信任信念"的间接影响才能产生。施信方越是正向的信任倾向(善行信任和信任姿态),越能够使其本身加强这种倾向,形成信任信念,并最终形成信任动机;如果施信方具有对制度的基本信任(制度保障和依赖),那么这种基于对制度的信任就会加强其信任信念的产生,从而促进其信任动机的产生;越是正向的受信方特征(良好的声誉和能力),施信方的信任信念就会越得到增强,并最终形成信任动机。只有那些优势的动机才能转化为信任行为,初始信任的认知过程就是对信任动机的激化过程,在信任动机被激化为优势动机时,施信方就会作出在不确定性条件下的风险决策,产生信任行为。

(3)揭示水利工程建设参与方信任对项目绩效的影响机理。以组织间信任和机会主义为预测变量、组织间关系为中介变量、项目绩效为结果变量,构建组织间信任和机会主义对项目绩效影响的多项式回归假设模型,以组织间关系为中介变量,研究组织间关系和机会主义对项目绩效的影响机理。当信任和机会主义都处于低水平时,组织间关系处于中等水平;当信任和机会主义处于中等水平时,组织间关系处于最低水平;当信任和机会主义处于高水平时,组织间关系处于较高水平。组织间关系水平随着信任和机会主义水平的增加,呈现先降低后增加的态势。当信任水平增加、机会主义减少时,项目绩效水平就相应增加。以组织间关系为中介变量,信任和机会主义对项目绩效的线性影响将反映在非对称线上。

本书从水利工程建设的本质特征、信任和项目绩效产生的最基本机理出发,采用认知理论、组织行为理论、交易费用理论,研究组织间初始信任如何产生,信任如何影响组织的交易行为,进而影响项目绩效。这对我国工程建设的制度完善、绩效改善和信任困境的改善具有理论和应用价值,并且把认知理论与方法应用到工程管理领域,拓宽了应用领域,丰富了工程项目管理理论,具有科学意义。期望在学术界和工业界能逐渐认识到信任的重要性,将其应用到建设工程项目管理的计划、执行、合同设计和日常项目管理中。

本书得到国家自然科学基金项目"建设工程项目组织间信任产生机制及其对交易费用的影响机理研究"(71302191)和河南省软科学研究基地的资助。

由于著者水平有限,书中难免存在不足之处,请读者批评、指正。

目　　录

前言

第1章　绪论 ……………………………………………………………… 1

　1.1　研究背景 ……………………………………………………………… 1

　1.2　研究的目的与意义 …………………………………………………… 2

　1.3　国内外研究现状及评述 ……………………………………………… 2

　　1.3.1　建设行业组织间信任研究现状 ………………………………… 2

　　1.3.2　建设工程交易费用研究现状 …………………………………… 7

　　1.3.3　项目绩效 ………………………………………………………… 10

　　1.3.4　研究现状评述 …………………………………………………… 13

　1.4　研究范围界定 ………………………………………………………… 13

　1.5　研究内容 ……………………………………………………………… 14

　　1.5.1　水利工程建设参与方信任演化机制 …………………………… 14

　　1.5.2　水利工程建设参与方初始信任产生机制 ……………………… 14

　　1.5.3　水利工程建设参与方信任对项目绩效的影响机理 …………… 14

　　1.5.4　案例分析 ………………………………………………………… 14

　1.6　研究方法 ……………………………………………………………… 15

　1.7　技术路线 ……………………………………………………………… 15

　1.8　研究的主要创新点 …………………………………………………… 17

第2章　本书研究的理论基础 …………………………………………… 18

　2.1　交易成本经济学 ……………………………………………………… 18

　　2.1.1　交易成本经济学的基本问题 …………………………………… 18

　　2.1.2　交易的合同问题 ………………………………………………… 19

　2.2　交易成本经济学中的机会主义和信任 ……………………………… 21

　　2.2.1　机会主义与信任 ………………………………………………… 23

　　2.2.2　个体行动者:内核的分裂 ……………………………………… 24

　　2.2.3　产生信任的条件和机制 ………………………………………… 26

　　2.2.4　机会主义和信任的博弈分析 …………………………………… 29

　2.3　本章小结 ……………………………………………………………… 32

第3章　水利工程建设特点及其参与方信任演化机制 ………………… 33

3.1　工程交易的特殊性决定了信任的重要性 ……………………… 33

3.1.1　工程交易方式:期货交易需要信任的存在 …………… 33

3.1.2　产品质量:形成过程需要信任的存在 ………………… 33

3.1.3　组织形式:中间性组织的治理需要信任的存在 ……… 34

3.1.4　合同特点:可重新谈判的不完备合同管理需要信任的存在 ……… 34

3.2　水利工程建设项目的特殊性 …………………………………… 35

3.3　信任的层次性与协同演化 ……………………………………… 36

3.3.1　信任的多层次性 ………………………………………… 36

3.3.2　信任的演化 ……………………………………………… 37

3.3.3　信任的跨层次协同演化 ………………………………… 38

3.3.4　信任的跨层次协同演化的驱动力 ……………………… 39

3.4　信任和信用的关系 ……………………………………………… 40

3.5　本章小结 ………………………………………………………… 41

第4章　水利工程建设参与方初始信任产生机制 …………………… 42

4.1　初始信任 ………………………………………………………… 42

4.2　理论模型构建 …………………………………………………… 43

4.3　假设的提出 ……………………………………………………… 44

4.3.1　信任倾向 ………………………………………………… 44

4.3.2　信任信念 ………………………………………………… 45

4.3.3　受信方特征 ……………………………………………… 46

4.3.4　基于制度的信任 ………………………………………… 47

4.3.5　信任动机 ………………………………………………… 48

4.3.6　假设汇总 ………………………………………………… 49

4.4　结构方程实证研究方法应用 …………………………………… 50

4.4.1　结构方程模型简介 ……………………………………… 50

4.4.2　结构方程模型的模型构成 ……………………………… 51

4.4.3　结构方程模型的建模过程 ……………………………… 53

4.4.4　应用结构方程模型须注意的若干问题 ………………… 60

4.4.5　评估指标的确定 ………………………………………… 65

4.5　数据收集与处理 ………………………………………………… 66

4.5.1　测量量表设计 …………………………………………… 66

4.5.2　预试问卷编制 …………………………………………… 70

4.5.3　小样本数据检验 ………………………………………… 70

4.5.4　大样本数据收集 ………………………………………… 74

　　　　4.5.5　变量的验证性因子分析 ·············· 75
　　　　4.5.6　路径分析 ······················ 84
　　4.6　假设检验结果分析 ······················ 86
　　　　4.6.1　信任倾向 ······················ 86
　　　　4.6.2　信任信念 ······················ 87
　　　　4.6.3　受信方特征 ···················· 87
　　　　4.6.4　基于制度的信任 ·················· 88
　　　　4.6.5　信任动机 ······················ 89
　　4.7　初始信任的产生过程 ····················· 89
　　　　4.7.1　初始信任分类过程 ·················· 90
　　　　4.7.2　初始信任的证实过程 ················· 91
　　　　4.7.3　初始信任动机的风险认知与评估过程 ········ 91
　　　　4.7.4　初始信任行为的产生 ················· 91
　　4.8　初始信任的脆弱性和稳健性 ················· 92
　　　　4.8.1　初始信任脆弱性情景 ················· 92
　　　　4.8.2　初始信任稳健性情景 ················· 94
　　4.9　本章小结 ··························· 96
第5章　水利工程建设参与方信任对项目绩效影响机理 ········· 97
　　5.1　信任、机会主义和组织间关系 ················· 97
　　5.2　理论和研究假设 ························ 99
　　　　5.2.1　信任和机会主义对组织间关系的影响 ········ 100
　　　　5.2.2　信任和机会主义对项目绩效的影响 ········· 101
　　　　5.2.3　以组织间关系为中介变量,信任和机会主义对项目绩效的影响 ··· 102
　　5.3　变量的测量量表设计 ····················· 103
　　　　5.3.1　组织间信任 ····················· 103
　　　　5.3.2　机会主义 ······················ 105
　　　　5.3.3　组织间关系 ····················· 105
　　　　5.3.4　项目绩效 ······················ 106
　　5.4　预试问卷数据收集与处理 ·················· 106
　　　　5.4.1　预设问卷数据收集 ················· 106
　　　　5.4.2　预设样本项目分析和信度分析 ············ 107
　　　　5.4.3　预设样本因子分析 ················· 107
　　5.5　大样本数据收集 ······················ 108
　　　　5.5.1　大样本数据来源 ··················· 108

　　　5.5.2　无应答偏差检验 ·· 108

　　　5.5.3　数据描述 ·· 109

　　　5.5.4　变量的验证性因子分析 ··· 109

　5.6　组织间信任对项目绩效的影响——基于多项式回归和相应曲面法

　　　的分析 ·· 116

　5.7　结果检验 ··· 117

　　　5.7.1　模型优越性检验与相关分析 ·· 117

　　　5.7.2　回归分析与假设检验 ·· 117

　5.8　事后比较分析 ··· 121

　　　5.8.1　结果的稳定性检验 ·· 121

　　　5.8.2　变量的顺序检验 ·· 121

　5.9　本章小结 ··· 122

第6章　案例分析 ··· 124

　6.1　沁河倒虹吸工程介绍 ·· 124

　　　6.1.1　工程简介 ··· 124

　　　6.1.2　招投标过程简介 ·· 125

　　　6.1.3　合同履行过程 ··· 126

　6.2　初始信任在缔结合同协议中的应用分析 ······································ 127

　　　6.2.1　初始信任前因变量分析 ··· 127

　　　6.2.2　初始前因变量导致信任动机 ·· 128

　　　6.2.3　初始信任动机导致合同签订 ·· 130

　6.3　当事人之间的信任影响项目绩效的应用分析 ································· 131

　　　6.3.1　信任和机会主义、组织间关系和项目绩效分析 ······················· 131

　　　6.3.2　信任和机会主义影响项目绩效 ·· 132

第7章　研究结论与启示 ··· 135

　7.1　研究结论 ··· 135

　7.2　研究启示 ··· 136

　7.3　研究的不足之处 ·· 137

参考文献 ·· 138

第1章 绪 论

1.1 研 究 背 景

在水利工程建设项目中,业主、承包商(工程总承包商和分包商)、供应商、监理单位等参与方,共同构成了复杂的组织系统。项目参与方之间特别是业主(工程项目法人)与承包商之间,目标不统一,很多情况下是冲突的,这就使业主和承包商之间在合作过程中互相防备,小摩擦往往演化为争端,直接影响项目目标的实现。这种现象普遍存在的重要原因是工程建设参与方之间缺乏信任[1]。这是水利工程建设的现实信任困境。

从交易费用经济学来分析,由于工程建设行业的特殊性,建设工程交易不同于一般商品的交易,通过招标和承包商签订合同仅仅是交易的开始,交易过程和生产过程交织在一起。由于工程本身和交易过程的复杂性和不确定性,以及人的有限理性和交易的不可预见性,业主和承包商都不能预测签订合同之后所有可能出现的情况,也无法用明确的语言写入合同,造成了工程合同天生的不完备;在招标前后,由于业主和承包商之间占有信息优势地位的改变,承包商会利用自己的信息优势产生机会主义行为;工程交易有很高的资产专用性,合同双方"被嵌入"合同关系中,承包商可以利用自己的信息优势在工程变更和索赔的重新谈判中对业主"敲竹杠"[2]。这些因素导致产生交易费用。如果业主和承包商之间存在一种信任关系,那么人的有限理性、机会主义行为、合同的不完备性和资产专用性等造成的交易费用问题能否得到有效的治理? 这是需要进一步研究的问题。

同时,工程建设都是一次性的,项目组织随着项目的开始而开始,随着项目的结束而解散,因此,在项目组织内部和项目组织之间的信任都很难培育和形成。这是工程建设行业本身所造成的信任困境。

诚信是信任的基础,长期以来我国工程建设行业诚信体系不健全造成信任困境的产生。目前,工程建设行业针对诚信问题也出台了相关政策文件,2011年3月,工业和信息化部、监察部等制定了《工程建设领域项目信息公开和诚信体系建设工作实施意见》(中纪发〔2011〕16号);2012年12月,水利部印发了《水利工程建设领域守信激励和失信惩戒制度建设试点工作方案》(办建管〔2012〕559号),因此有必要针对工程建设行业的信任问题进行深入的研究。这是工程建设行业对信任研究的现实需求。

工程建设交易市场新的技术和合同形式,如 BIM(building information modeling)、DB(design-build)和 IPD(integrated project delivery),已经在国外成功应用,并极大地提高了建设行业的生产力[3]。但是这些新技术和合同形式的实施需要项目参与者(业主、投资方、设计、施工和供应商等)之间共享信息、建立基于信任的关系网络,减少纠纷和冲突。这是工程建设行业未来发展对信任的需求。

1.2　研究的目的与意义

从工程建设行业本身的特点、行业发展的现实困境、行业规制的现实需求以及工程建设行业未来的发展预期来看,对信任的研究刻不容缓。"基于行为与实验的管理理论"、"复杂重大工程项目管理研究"和"社会认知和行为的心理"都是国家自然科学基金委员会"十二五"优先资助的重点领域。在这种现实背景下,回到工程建设的本质特征,研究组织间初始信任如何产生,信任和交易费用对项目绩效的影响机理,对我国工程建设的制度完善、绩效改善和信任困境的改善具有理论和应用价值。同时,把认知理论与方法应用到工程管理领域,拓宽了应用领域,丰富了工程项目管理理论,具有科学意义。

1.3　国内外研究现状及评述

1.3.1　建设行业组织间信任研究现状

信任是一个复杂的社会与心理现象,涉及多个层面和维度。研究者从经济学、管理学、心理学等不同领域对信任作了定义,并展开了相关研究。Moorman 等认为信任就是对合作伙伴(或者交易对象)有信心并且愿意依赖对方[4]。Inkpen 和 Currall 认为信任就是在明知有风险的情况下对合作伙伴的依赖[5]。Wood 等认为,如果从道德的角度出发,信任应该包含公平/理性、相互性、诚信、遵守诺言、价值和声誉[6]。Rousseau 等将信任划分为计算型信任、关系型信任和制度型信任[7]。

Latham[8]和 Egan[9]认为信任已经成为建设行业发展的障碍,之后很多学者开始展开了建设行业信任问题的研究,如表 1-1 所示,同时对信任的分类也有了比较丰富的结果,如表 1-2 所示。

表 1-1 建设行业关于信任的研究

作者	对信任的研究	内容
Cook 和 Hancher[10]	基于伙伴关系的 CII 报告,研究建设领域的伙伴关系,并发现影响信任的关键因素包括承诺、信任、互利互惠和机遇	如研究中提到的,信任因素通过分享组织策略和专有信息以消除敌对关系,以便优化合作范围内的相互理解,使合伙人自身利益得到满足
Black 等[11]	指出信任是建立工程合作关系的关键因素之一	研究指出只有彼此信任才能取得合作的成功。如果有信任的存在,敌对关系的减少、顾客较高的满意度以及合作方的相互理解等利益均能实现
DeVilbiss 和 Leonard[12]	解释了合作环境下的信任	研究指出合作中信任的影响因素包括个人过去的经验、情绪导向、他人的行为和表达美好的愿景等
Wong 等[13]	研究了新加坡工程建设行业中信用的运作	研究发现正直和关切的表现与信任紧密相连
Kwan 和 Ofori[14]	研究了新加坡工程建设行业合作关系的建立	作者强调了合作关系是基于信任相互尊重和合作的原则。认为合作关系中信任的元素有助于解决新加坡建筑行业中存在的问题,如生产效率低下和增长缓慢
Zaghloul 和 Hartman[15]	研究了建设合同中的免责条款对信任的影响	研究指出工作条件的不确定性、延期、索赔、违约金和合同文件的完备性是建筑行业中限制信任发展的五个最常见免责条款
Cheung 等[16]	认为信任是伙伴关系中的关键因素	研究指出了不信任的来源,并建议建立信任的工程合作关系。有效的交流和合作建立值得信任的行为,可以促成项目成功的因素包括承包商项目目标的实现、监理的审批、业主对支付申请的批复以及索赔谈判的态度都是有益的
Smyth[17]	研究了信任作为减少工程工作环境中的相互敌意的关键方法	作者强调了业主和承包商之间相互信任的重要性和作用。信任应该作为商业关系的最低准则和企业经营中增值服务的协调资本
Zaghloul 和 Hartman[18]	研究指出了信任在工程建设中的重要性	作者指出信任对于任何工程和商业关系的成功都是关键的。在和业主保持高度信任情况下,承包商倾向于降低风险溢价
Bayliss[19]	在研究中把信任视为工程建设领域中的一种合作属性	研究发现业主和承包商的信任程度从开始到竣工是按阶段递增的。而且,信任的元素有助于培养和维持业主和承包商之间良好关系

续表

作者	对信任的研究	内容
Huemer[20]	研究了信任在工程建设领域的应用	研究指出,工程项目建设中的信任取决于期望的可预测性、预期行为的一致性、对等可靠性和环境的可预测性
Kadefors[21]	阐述了项目建设参与者之间关系中信任存在的可能性	研究发现不确定性、传统合同以及合同的规则和约束使得业主感觉他们和承包商的关系很脆弱
Wong 等[22]	重点研究了囚徒困境典型框架内的信任关系	作者认为在签约的合作伙伴之间培养信任,关键在于项目的顺利实施和公开、有效地沟通。他们发现承包商是一个合作关系中信任驱动的候选人,如果承包商能履行和保持有效的交流,取得业主/监理的信任将指日可待
Wong 和 Cheung[23]	研究在建设伙伴关系中的信任属性	指出了 14 种建设合作关系属性。包括工作能力、问题解决、交流、努力与回报的比较、有效而充分的信息流等
Wong 和 Cheung[24]	应用结构方程模型检验建设合作信任的水平	研究证实了合作方信用等级与合作成功之间紧密关系的存在。发现合作方的表现、合作方的相互渗透、基于信任的系统与合作方的信任水平是紧密联系的

表 1-2　信任的分类

作者	信任分类	定义与范围
Luhmann[25]	1. 个人信任	个人信任涉及个人之间的情感纽带。作者认为当经历背叛或破坏性事件时,情感成分可以作为信用的保护基础
	2. 系统信任	系统信任不包含任何情感内容。其基于表象且对资金的有效性或权力交换至关重要
Lewis 和 Weigert[26]	1. 系统信任	系统信任是指在法律制度方面的官方制裁和保障功能的信任
	2. 认知信任	这种类型的信任是低情绪性和高合理性的组合,其基于一定的"较好理由"构成证据的可信性
	3. 情感信任	高情绪性和低合理性的组合构成了情感信任,是友谊和爱的结合
McAllister[27]	1. 情感型信任	情感型信任旨在提供额外的帮助和协助,这种帮助超出个体的角色且是无偿的
	2. 认知型信任	认为认知型信任是基于成功合作的经历、相似度和组织环境发展起来的

作者	信任分类	定义与范围
Rousseau 等[28]	1.计算型信任	相关证书和证明是产生计算型基础信任的媒介
	2.关系型信任	关系型信任是通过个体之间不断的交往产生的。情感和个人的偏好也会影响信任关系的建立
	3.基于制度的信任	法律体系、争议管理、合作、系统培训和专业实践在机构中被认为是磨砺信任的工具
Hartman[29]	1.蓝色(能力)信任	能力信任被定义为基于个人对对方执行能力的感知
	2.黄色(诚信)信任	诚信信任被认为是一个人感知对方行为道德和动机的能力
	3.红色(直觉)信任	直觉信任包括情感和对他人的直观印象
Kramer[30]	1.倾向性的信任	这种信任由前期已有的信任相关经历发展而来
	2.基于历史的信任	个人根据前期的合作和经历形成历史信任
	3.第三方渠道的信任	个人通过第三方信息评估某人的可信度
	4.基于类别的信任	这种类型的信任是根据一个成员在社会或组织部门中获得的信息而形成的
	5.基于角色的信任	基于角色的信任是以角色的关系为基础的,而不是关于个人能力、偏好、动机和意图的具体了解
	6.以规则为基础的信任	基于规则的信任产生于对规则体系的共识

在建设行业,对信任的研究主要集中在以下几个方面。

(1)信任产生的障碍。建设工程项目具有财务上的短期目标、竞争性投标等特点,这都不利于信任的产生[31,32]。Thompson 等认为工程建设行业的标准合同都在鼓励合同双方采取非合作行为,只是考虑各自目标,而不考虑他人目标和项目本身的绩效[33]。合同条款中存在风险的不合理分担,会造成项目参建方信任障碍[34]。竞争性招标、标准合同等这些建设工程交易早已形成的惯例,是否真正对信任产生影响,需要进行实证研究。

(2)项目型组织间的信任障碍。由于工程项目的一次性特征,相应的项目组织也是临时性的组织,信任很难在临时性组织中产生。Meyerson 等认为这种临时性组织间的信任尤其特殊,临时性组织间的信任发展过程不同于公司间的信任发展过程,在项目组织成员之间的交往中自身脆弱的暴露和风险的思想往往占了上风,因为他们没有足够的时间去培育信任,对信任的预期也很低[35]。因此,既有的信任水平对临时性组织间的关系发展非常重要[36],因为相比之下项目参与者更倾向于对熟悉人产生未来预期的信任[37]。在项目性组织的行业中,对未来预期的信任是处理不确定性和风险的现实选择,它能够促使相对陌生的参与者更好地处理复杂问题和特殊任务。非重复博弈特征的项目型组织,使得项目交易双方的合作关系很容易建立在一种狭隘的"机会主义"之上。业主倾向于将本应由己方承担后风险强制性转移给承包商[38]，而承包商会利用变更和索赔获得更多的收益。在建设行业中不同的招标方式、合同类型和交易方式都会对组织间的信任产生影响[39]。从理论上定性判断，建设工程项目组织临时性确实影响了工程交易双方信任的产生，但是究竟影响如何需要进一步的实证研究。

（3）信任如何构建。Khalfan 等研究发现，促进信任产生的前因变量有双方交往的经历、所遇问题的解决效果、是否存在共同的目标、交往的相互性和双方是否存在理性的行为[40]。Munns 构建了信任发展的螺旋式演化模型，指出在工程交易中，初始信任占有非常重要的地位。在交易的一开始就假定交易的对方是不值得信任的，会导致在交易过程中，双方互相防备，并将螺旋式恶性循环下去[41]。Khalfan 等的研究结果表明，信任的建立过程包括沟通、行动和结果三个部分。当施信方发现沟通中的信息为可靠时，信任也就出现了；当受信方可以履行诺言，并且结果超出预期之外时，信任就会得到进一步的加强；当施信方对受信方的期望没有得到满足时，自然就会对受信方产生怀疑，信任也就随之下降[42]。

（4）信任的效应。Pinto 等认为存在三种类型的信任，即基于正直的信任（integrity trust）、基于能力的信任（competence trust）和基于直觉的信任（intuitive trust）。从业主的视角研究发现，基于正直的信任和基于能力的信任对交易双方的关系起着重要作用，但对项目成功没有直接影响；而只有基于直觉的信任才对项目成功产生直接的影响[43]。Dyer 和 Chu 通过对汽车制造和零售商的实证研究发现信任可以降低交易费用，因为互相信任的双方减少了交易前的搜索成本，减少了交易过程中的监督成本，减少了讨价还价和"敲竹杠"的成本[44]。蒋卫平等从承包商的视角，研究了信任的产生机制及其对项目成功的影响，对业主而言，为提高项目成功的程度，承包商和业主的信任培养至关重要，尤其是关系型信任的培养更重要[45]。Lau 和 Rowlinson 认为在工程交易中，存在人际间的信任和公司间的信任，信任可以创造合同交易双方和谐的工作关系，可以减少索赔，节省合同重新谈判的时间和工程建造成本，还可以提高工程建设的质量[46]。蒋卫平等从业主方研究的视角出发，构建了包括信任的前因、信任和项目成功之间关系的理论模型。通过实证的方法研究了信任的前因变量对不同信任类型的影响、不同信任类型对项目成功的影响[47]。

（5）组织间信任关系。组织间信任是施信方对受信方的意愿或行为的积极期待和愿意接受对方的意愿[48]。同时组织间信任是施信方在面对风险的情况下，对受信方行为的预期[49]，是施信方的一种心理感知和主观评价，而且是一种集体、群体、组织的意识。组织间信任不同于组织内个体之间的信任、一个组织中的个体对另一个组织的信任，但又不是个体之间的信任以及个体对另一组织信任的简单叠加[50]。组织间信任是指组织成员所共同拥有的对交易对象组织信任的取向，体现了组织作为一个整体(施信方)对其他组织(受信方)的信任[51]。组织间信任是以施信方承担风险为前提,只有当组织置身于不确定性环境之中时,信任问题才能凸显,信任的本质就是施信方愿意冒着风险去期望并且接受受信方的行为[52]。因此在组织间合作过程中由于信息不对称的存在,组织的机会主义行为就在所难免,正式和非正式的合同规制对减少组织间冲突起到重要作用,但信任更为重要[53]。信任的建立不仅可以减少组织间的冲突,还可以提高双方合作的效率和交易的绩效[54]。Dolnicar 和 Hurlimann 认为在水利工程项目中,水管理部门间的信任和沟通、公众对政府部门的信任、政府和公众的沟通对提高项目绩效的作用显著[55]。Pirson 和 Malhotra 的研究发现不同的利益相关者有着不同的可信任度(trustworthiness),而且在不同的情景下可信任度也不同[56]。唐文哲等认为,在工程建设的伙伴关系中,如果各参与方能建立相互信任的关系,进行充分沟通,将会提高工程实施效率[57]。

信任在工程建设行业的重要性不言而喻,它可以促进项目的成功建设、降低参与各方的风险[18]。因此,信任会体现在工程建设项目管理的各个方面,包括管理过程(计划、组织、控制、协调等)和建设过程(质量管理、成本管理、合同管理等)[18]。另外,组织间的信任可以提高谈判协调的效率、降低交易费用[58]。中国管理情景下能力信任与诚信信任对工程项目管理绩效具有积极促进作用[59]。因此,工程建设中信任在孕育合作[16,23]、通过信息共享消除不良关系[59]、解决工程建设中特殊的难题(科技攻关、不良地质条件、提高生产效率等)、营造一种可信赖的环境氛围中起到重要作用[16]。总之,在伙伴关系中,有胜任力、解决实际问题、良好沟通、开放的氛围、建立联盟、信息互通、行动一致、相互尊重、互相包容、关注长期合作、关注声誉、使用替代性争议解决方式(alternative dispute resolution, ADR)、互相满意的合同条款都是信任的集中表现[23]。

虽然信任的研究成果很多,但是对于信任的分类还缺乏一个统一的认识,不同行业有不同的特点,工程建设行业的信任类型有哪些,还需要结合理论分析和中国的文化背景做进一步的研究。组织间信任是一个多维度、多层次的概念,在建设工程领域,当前关于不同维度和不同层次的信任如何单独以及共同影响组织的交易行为进而影响项目绩效的研究还不多见。

1.3.2　建设工程交易费用研究现状

很多国内外学者以交易费用经济学为基础,分析了建设工程中的交易费用问题。

Eccles 用交易费用经济学分析了总分包商之间的关系,认为他们之间的关系是一种垂直一体化组织,这种组织介于市场和科层组织之间,是一种"准企业"(quasi-firm)形式[60]。Levitt 等[61,62]从交易费用经济学的视角,认为建设工程交易市场既非纯粹的市场也非纯粹的科层组织,而是处于两者之间。由于建筑项目一次性的特征,分包就是市场最有效的选择,在没有额外增加交易费用的同时降低了生产费用。由于项目的独特性,每个项目需要的技能差异性比较大,如果总承包商全部雇用专业的工人,显然是不经济的,那么在每个项目中把不同专业工种进行分包就是最有效率的选择。而分包商为总包商提供专业服务,它显然可以长期雇用专业工人,不仅能在项目中承担更多的责任,还能从风险分担中取得利益。项目的执行高度地依赖专业分包公司,如果他们中途停止工作,那么将没有人可以接替这样的工作。潜在的"敲竹杠"问题的存在是显然的,流水的工作流程,一个工序的延误将影响到下游所有工序的执行。因此,工期计划和协调就显得相当重要。当项目的不确定性和复杂性增加时,市场的交易就需要合同来降低交易费用,而建筑行业找到了降低交易费用的方式,那就是采用标准合同,避免了一些潜在纠纷的出现,这就是 Williamson 所说的"解决纠纷的第三方协助"。

　　Winch[63]指出以往的分析都是把项目作为分析对象,然而 Williamson 的交易费用理论是建立在企业之上,研究企业是如何分配资源。但是建筑工程项目并不是一个经济实体,不能作出资源分配的决策。只有由项目所组成的公司才是资源的分配者,这些资源包括资金、人力和土地等。Winch 接着用交易费用经济学对建筑市场作了详细和深入的分析,首先他界定了工程项目不确定性和复杂性的来源。在项目执行过程中市场是不复杂的,因为大部分地方潜在的客户和潜在的竞争者基本是知道的;又指出技术变革导致的不确定性也是微乎其微的。按照Woodward[64]的生产分类方式,建筑生产是典型的小规模生产,这种生产方式就导致了生产任务的不确定性。每个项目都需要新的设计、都有新的生产问题需要解决,但是从项目中所获得的技能并不能完全转换到其他项目中。组织的不确定性主要来自于项目组织都是临时性组织,组织内部成员之间和项目参与组织之间的不协调和冲突。自然的不确定性主要来自于项目本身的地质条件以及项目实施过程中天气不确定性等。以上三种不确定性是建筑工程项目生产本身所产出的不确定性,可以通过完善的管理得以降低。第四种不确定性由竞争性招标产生,其主要来自于两个方面:一方面是工程预算的不准确性,造成工程预算和工程实际发生费用之间的误差;另一方面是工程合同额往往占到承包公司很大的比例,投标的成功与失败对公司的影响巨大。

　　Walker 和 Wing[65]指出工程项目管理的主要任务就是使工程项目生产费用(建造费用)和交易费用之和达到最小化。不同的项目组织将产生不同的项目管理费用(交易费用)和设计、建造费用(生产费用);高的项目管理费用(交易费用)并不一定会使设计、建造费用(生产费用)降低,反之亦然;项目组织结构的选择应该是使项目管理费用和设计、建造费用达到最小,并且满足业主的需求。交易费用经济学提供了一种项目组织结构选择的理论解释,更重要的是为组织理论的实证研究提供了一个更加严格的分析框架。

Brokmann[66]从关系型契约的角度分析了业主和承包商的关系,指出建筑市场上需要在两者之间建立基于相互信任的关系型契约。根据传统市场交易划分,交易的物品只有商品和服务,但是建筑产品是一个特例,它是商品和服务的混合体。从交换商品的性质来看,又可分为交换商品和合同商品。交换商品是现货交易,交易过程中不会产生交易费用,而合同商品需要合同谈判、合同监督等过程,交易费用就不可避免。而在建筑市场的交易中多数都是合同产品,因此,交易主体之间需要建立关系型契约。

Turner 和 Simister[67]阐述了如何从交易费用的角度选择工程合同,提出工程项目的全部费用由工程的生产费用加上签订合同和管理合同的交易费用组成,其中,交易费用包括确定工程发包范围、确定工程实施方案、工程实施过程中管理工程范围变动费用和管理施工方案变动费用。产品的不确定性、业主的管理能力、生产过程的不确定性和项目的复杂性四个参数决定合同类型的选择。合同选择的最终目标是使工程生产费用和交易费用达到最低。

Winch[68]基于交易费用经济学给出了面向项目全寿命周期的全过程治理框架。提出项目交易治理的概念,把项目交易治理分为垂直交易治理和水平交易治理。垂直交易治理结构就是项目实施过程——项目链。在项目设计阶段,不确定性较高,资产专用性较低;而在施工阶段,项目的不确定性降低,资产专用性增高。建立严格的工程变更系统,为项目执行者提供激励措施,设置冲突解决机制和标准的操作程序,建立承包商的信誉档案和声誉机制,都可以降低生产费用和交易费用。水平交易治理结构分为三种:业主与业主代理人的交易、业主与供应商的交易、承包商和分包商的交易——供应链。根据资产专用性的高低和交易频率的高低分为四种治理模式:临时性合同关系、一次性合伙制、准企业模式和长期合作的联合体模式。

Müller 和 Turner[69]分析了业主和项目经理在委托代理的关系下如何沟通,不同的沟通水平决定了不同的风险分担水平,从而决定了选用不同的合同类型,并指出交易费用经济学适合分析合同前业主行为决策,如生产还是购买(make or buy)、合同类型选择等。委托代理理论适合分析业主和项目经理(或者承包商)之间的关系,如项目执行过程中风险如何分担、沟通机制等。但是并没有进行实证分析。

Whittington[70]分析了美国交通项目从 DBB 到 DB 交易方式的制度变迁过程,并详细分析了 6 对 DBB 和 DB 工程的生产费用和交易费用的结构,针对不同交易方式对项目交易费用和项目绩效进行了对比分析。

邢会歌等[71]从交易角度出发,研究了考虑工程交易成本的招标机制设计方法。王群等[72]认为在工程建设交易中,工程总费用包括生产费用和组织管理费用,合同价可认为是生产费用,除生产费用之外的支出可认为是组织管理费用。王卓甫等[73]认为工程交易费用包括业主方项目管理机构的费用和工程交易中发生的费用两部分。

1.3.3　项目绩效

1. 项目绩效指标

绩效测量/评估通常是指确定组织在实现其目标上的成功程度的一个过程。因此很多研究都是基于项目目标来确定相应的绩效指标。传统上,任何项目主要涉及三大目标,即通常所说的成本、进度/时间和质量,它们也被称为项目成功的三大标准[74,75]。对于项目目标、项目绩效和项目成功这三个紧密相连的概念,Chan 等指出,项目成功是最终目标,而成本、进度和质量是达到最终目标的三个被广泛接受的标准,每个项目都有一系列的目标需要完成,这些目标也是作为项目绩效衡量的标准而存在[76]。因此,很大程度上,项目绩效的衡量指标/标准和决定因素与项目成功的衡量指标/标准和决定因素并无差异[77,78]。

在项目绩效指标/成功标准方面,目前已有很多专家学者进行了大量探讨,其中有些研究对成功标准进行了分类,如分为主观标准和客观标准[79],或"硬"标准(时间、成本等)和"软"标准(满意度等)[80],还有从宏观和微观视角来分类[81]。Atkinson 则将项目成功标准分为交付阶段(如铁三角)和交付后阶段(如用户满意)来考虑[82]。英国关键绩效指标(key performance indicators,KPI)工作组确定了标杆项目实现良好绩效的 10 个参数,包括 7 个项目绩效指标,即建造成本、建造时间、成本可预测性、时间可预测性、缺陷、业主对产品满意和业主对服务满意,以及 3 个公司绩效指标,即安全、赢利能力和生产率[83]。Chan 等对 1990~2000 年相关文献提出的项目成功标准进行了总结,整合这些文献成果,提及的成功标准包括时间/进度、成本、预算/财务绩效/利润、健康与安全、质量、技术性能、生产效率、业主/承包商/用户/项目经理/团队满意度、争议解决的满意度/冲突管理、合法索赔、环境可持续性、教育/社会/专业方面等。同时指出,应针对不同的项目交付方式提出相应的成功标准,并提出了 DB 项目的成功标准框架[76]。Chan 等随后又从主观和客观的角度,提出了 14 个关键绩效指标,如图 1-1 所示[78]。

2. 项目绩效的影响因素

项目绩效受众多因素的影响,国际上相关研究成果也较为丰富。Ceylan[84]针对俄罗斯的建筑业,将影响项目绩效的因素分为六大类:项目外部环境(如规章、经济、文化和社会因素);项目组织(如业主和承包商的项目团队)与项目外部环境

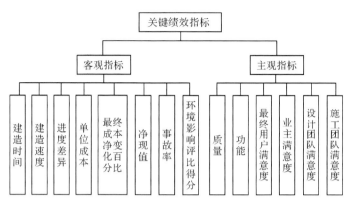

图 1-1 工程项目关键绩效指标

之间的互动;项目组织的优势与劣势,即组成项目团队内部环境的因素(如经验和教育水平、业主和承包商的财务优势、有效的交易实践);项目的特点(如设计和施工复杂性);项目组织内部运行程序的优势和劣势(如争端解决过程);施工前计划过程的有效性和完备性(如技术、财务、组织和运行等方面)。他通过调查发现,大部分重要的绩效决定因素集中在项目规划和执行阶段。例如,在项目规划方面,对项目绩效影响最大的不利因素包括范围定义不足、施工开始前缺乏技术计划和说明、项目风险识别不到位和各方职责分配不合理等。

Enshassi 等[85]在文献研究基础上确定了成本、时间、质量、生产力、业主满意度、社区满意度、人、健康与安全、创新与学习以及环境等 10 个方面的 63 个绩效影响因素。作者通过向业主方、承包方和咨询方发放 120 份问卷,对加沙地带影响工程项目绩效的因素进行调查研究,结果发现,业主方、承包方和咨询方等三组受访者都认同的最重要的绩效影响因素包括:因道路封闭引发资源短缺所导致的延误、无法获得资源、较低的项目领导水平、材料价格的上涨、缺乏经验丰富的合格人员、质量低下的设备和原材料等。

此外,有的研究仅集中于某一方面因素对项目绩效的影响。Odusami 等[86]研究了项目领导能力和团队构成对尼日利亚工程项目绩效的影响,结果显示,项目领导者的职业资质、领导风格和团队构成与项目绩效之间具有显著关系,而领导者的专业和整体项目绩效之间并无明显关系。Zhang 等[87]探讨了项目经理应用情商提高项目绩效的问题。研究结果表明,六个情商因素对大型复杂项目绩效表现出重要影响,而自信和团队合作的影响还未得到证实。

在与项目绩效影响因素相近/相关的关键成功因素(critical success factors, CSF)方面,目前也有很丰富的研究成果。Chua 等[88]在已有研究基础上将项目成功因素分为项目特征(如项目规模、可建造性)、合同安排(如风险识别和分配、激励机制)、项目参与方(如各方的能力)和互动过程(如沟通)等四个方面,共 67 个因素。该研究根据项目的成本、进度和质量三个目标来区分项目成功的影响因素,通过问卷调查确定了成本绩效、进度绩效、质量绩效和整体项目成功四方面的CSF。Chan等[89]通过问卷调查和因子分析得到了DB项目的6个成功因素,即项目团队委托、承包商的能力、风险和责任评估、业主的能力、最终用户的要求和最终用户施加的约束。Schaufelberger[90]从承包商的视角研究了DB方式的成功因素问题,其研究认为,DB项目中,承包商关注的是业主和承包商之间对工作范围有共同的理解、业主有足够的DB经验,且承包商更倾向于招标之前业主完成的设计不超过35%,这样中标承包商具有更大的设计创新空间。业主公平对待DB承包商及业主早期的DB项目经验是承包商选择项目时考虑的重要因素。Lam等[91]也研究了类似的问题,他们构建了香港DB项目成功指标体系,这些指标由时间、成本、质量和功能等关键绩效指标来评估,多元回归分析显示,项目属性、项目管理行为的有效性、创新性管理方法的应用等是DB项目关键成功因素。Chen等[92]在文献综述基础上确定了62个项目关键成功因素,在专家讨论的基础上精简为46个,并将其分为项目参与者相关因素、项目本身相关因素和项目环境相关因素等三大类,建立了CSF体系,研究了各因素的相互关系。

3. 项目绩效的评估方法

在澳大利亚,新南威尔士州市政工程部(New South Wales Public Works Department)推出了项目绩效评估(project performance evaluation, PPE)框架,PPE包括范围广泛的绩效参数,包括时间、成本、质量、安全、合同、沟通、环境、争端解决等方面,其目的是将项目绩效测量扩展到包括沟通、争端解决等"软"参数[55,93]。在英国,建筑业最佳实践工程下的关键绩效指标工作组则开发了名为KPI的项目绩效测量工具,其包括三个主要步骤:决定测量什么、收集数据、计算KPI[83]。Cheung等指出了PPE和KPI的主要缺陷,包括人工收集数据的高耗时和高成本、成本信息等敏感数据收集时涉及的保密性、后评估的作用不足等问题,在此基础上他们开发了一个基于网络的工程项目绩效监控系统(project performance monitoring system, PPMS),在项目管理专家组的帮助下,确定了项目绩效测量的八个方面:人、成本、时间、质量、安全与健康、环保、业主满意和沟通。并确定了它们各自的绩效指标,然后利用PPMS自动收集和分发数据,监测和评估项目绩效[94]。Gyadu-Asiedu在现有项目绩效测量框架(包括项目成功/失败的度量)的基础上,采用多指标,为加纳的工程项目评估设计了一个应急平台上的评估模型,该模型可以用来评估全生命期的项目绩效[95]。

综观项目绩效方面的研究,可以发现,随着经济社会的发展,除了传统铁三角目标对应的工程项目绩效指标外,一些新的绩效指标开始出现,如可持续性、信息集成、全生命期成本等。在绩效影响因素方面,对比不同国家或地区环境下的相关研究可知,不同国家或地区工程项目绩效影响的关键因素差异较大,这主要是因为各国处于不同的发展阶段。在绩效评估方面,随着科技的进步,绩效评估的效率和精确性在不断提高。总体而言,我国在项目绩效方面的研究还十分缺乏。

1.3.4　研究现状评述

尽管学者已对建设工程领域的信任和项目绩效问题展开了充分的讨论,但是通过对现有文献的细致梳理发现,至少在以下几个方面还存在进一步研究的空间。

(1)虽然有研究分析了组织间信任对组织关系行为的影响,但是业主和承包商的信任是一个多维度和多层次的概念,当前研究并没有探讨不同维度和不同层次的信任如何单独以及共同影响组织的交易行为,从而影响项目绩效。

(2)组织间初始信任究竟是如何产生的,水利工程交易和市场的现货交易不同,初始信任的产生机制也不同,需要根据中国水利工程建设特点研究组织间初始信任的产生机制。

(3)组织间信任是如何影响项目绩效的,在组织间关系中,信任和机会主义并存,两者又是如何影响项目绩效的,这是需要进一步研究的问题。

1.4　研究范围界定

在水利工程建设中,项目参与者众多,但是最重要的是业主和承包商,业主和承包商之间的关系和信任直接影响项目的顺利建设,因此本书将业主和承包商之间的信任作为研究的出发点,研究业主和承包商之间的信任是如何产生的,双方之间的信任又是如何影响项目绩效的。

水利工程建设参与者之间的信任是多维度和多层次的,本书主要从施信方和受信方两个维度,个人、群体和组织三个层次研究项目参与者之间的信任,主要关注业主和承包商之间的信任。研究信任是如何在项目参与者之间产生、维持和破坏的,揭示信任是如何在个人、群体和组织之间协同演化发展的。

初始信任在工程交易中至关重要,初始信任是一切交易的开始,水利工程交易初始信任的产生和现货交易有所不同,初始信任在招投标阶段产生。本书把水利工程交易初始信任的产生分为两个阶段:信任动机产生阶段和信任动机转化为信任行为阶段。

在水利工程的交易过程中,信任和机会主义同时存在,本书首先研究信任和机会主义对组织间关系和项目绩效的影响,然后以组织关系为中介变量,研究信任和机会主义对项目绩效的影响机理。

1.5　研究内容

1.5.1　水利工程建设参与方信任演化机制

首先研究水利工程建设的特点,水利工程建设周期一般较长、投资较大,施工技术复杂,施工条件也复杂,且受自然条件影响较大,在建设过程中风险因素繁多且不确定性大。水利工程建设涉及专业门类众多,各种专业交叉施工,组织间界面管理难度大,因此组织之间的信任非常重要。从工程交易方式、产品质量形成过程、生产组织方式和合同特点等方面说明水利工程建设中信任的重要性。从施信方和受信方两个维度,个人、群体和组织三个层次研究信任的层次性,从信任发展的过程研究信任是如何演化的,再进一步研究信任是如果在各层次间协调演化的。最后研究信任和信用的关系,在双方的市场交易中,信任是如何演化为信用的。

1.5.2　水利工程建设参与方初始信任产生机制

根据文献研究结果和水利工程建设特点构建水利工程建设组织间初始信任动机产生机制的假设模型,把信任倾向、信任信念、受信方特征和基于制度的信任作为初始信任动机产生的前因变量。在总结前人研究成果的基础上设计前因变量和结果变量的测量量表,根据设计好的量表收集数据,对数据进行信度、效度和因子分析,采用结构方程对之前提出的假设进行检验。根据水利工程建设初始信任产生机制假设检验的结果,研究初始信任的认知和决策过程,初始信任的行为是如何产生的,最后研究初始信任的脆弱性和稳健性。

1.5.3　水利工程建设参与方信任对项目绩效的影响机理

根据信任与交易行为的关系,可以预期,不同的信任水平将导致交易双方不同的交易行为,从而产生不同的绩效。探讨组织间信任、机会主义、组织间关系和项目绩效的关系,构建组织间信任和机会主义对组织间关系影响和对项目绩效影响的多项式回归假设模型,以组织间关系为中介变量,研究组织间关系和机会主义对项目绩效的影响机理。根据前人研究成果和中国水利工程建设特点,设计各个变量的测量量表,发放问卷,收集数据。以组织间信任和机会主义为预测变量,以组织间关系和组织绩效为结果变量,对多项式进行回归分析,用相应曲面法对数据进行截面数据分析和纵向数据分析,验证假设。

1.5.4　案例分析

通过对南水北调中线干线工程招投标案例的分析,阐述业主和承包商之间的初始信任是如何建立的,以及初始信任到信誉再到信用的发展过程;组织间信任的建立是如何影响双方交易和缔约行为的;组织间的信任对实际工程建设产生了哪些有利的影响。

1.6 研 究 方 法

本书以工程建设组织间信任、项目绩效为核心概念来开展相应的研究工作。为保证切实达到研究目的,采用了定量研究和定性研究相结合的实证研究方法。定性研究工作中主要针对文献展开历史成果的探析和归纳。在这一过程中,尽量吸收国内外同类研究的先进成果,对其充分消化和吸收。构建整个研究的理论模型,并得出相关的各项研究假设,界定相关概念的操作性定义与测量方法。

定量研究工作中主要进行测量量表开发、实地调查和数据分析。根据研究所提出的理论模型与假设,设计并形成合适的测量量表。将测量量表按照结构化调查问卷格式进行设计并通过预测试对量表进行检验,以优化问卷的表达与结构,删除可靠性、可信性和鉴别性较差的测量题项,从而提高调查问卷的信度以及效度,最终成为可以用于正式研究的调查问卷。本书针对建设项目的业主和承包商进行问卷调查,收集相应的调研数据,利用结构方程模型对收集的样本数据进行处理,并验证理论模型中所提出的各种研究假设。各项统计及检验所利用的软件工具为 IBM ®SPSS,结构方程建模所利用的软件工具为 IBM ®SPSS ®AMOS。针对组织间信任对项目绩效的影响机理进行研究,采用基于多项式回归和响应曲面法。

1.7 技 术 路 线

技术路线如图 1-2 所示,分为以下几个步骤。

(1) 定性研究开展阶段。这一阶段主要进行文献的述评和对已有的理论进行回顾梳理。通过对组织间信任、建设项目交易费用以及认知理论的相关研究,以此来界定工程建设组织间信任的类型、影响因素、项目交易过程中所产生的交易费用的概念和影响因素与费用结构的划分以及与组织间信任的关系。

(2) 访谈和案例研究阶段。针对研究目标、内容和思路对专家学者和工程一线人员进行深度访谈,针对典型工程进行实地调研。

(3) 理论模型构建阶段。在这一阶段,主要的任务是建立理论模型和构筑各个研究假设。根据水利工程建设组织间初始信任产生的前因变量,构建水利工程建设组织间初始信任产生机理的理论模型和研究假设;根据水利工程组织间信任类型和工程项目绩效测量指标,构建以组织间关系为中介变量,组织间信任对项目绩效的理论模型和研究假设。

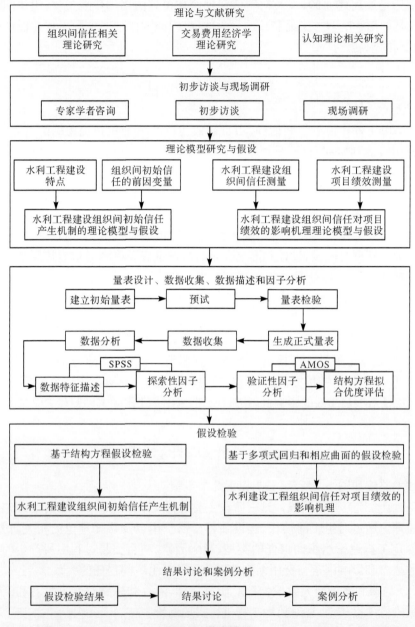

图 1-2　技术路线

（4）量表设计、数据收集、数据描述和因子分析。确定所有构建的维度及初始测量题项。进行小样本预试，保证所开发的量表的测量信度与效度的有效性，进行探索性因子分析、信度与效度检验，进一步确定量表的测量效力，形成正式的调查问卷。收集数据，对数据进行描述统计，再对其进行因子分析。

（5）假设检验模型验证阶段。在获取相关调研数据的基础上，应用结构方程模型建模方法对水利建设工程组织间初始信任产生机制理论模型进行拟合，并检验各项研究假设。基于多项式回归和相应曲面法，对水利工程建设组织间信任对项目绩效的影响机理进行纵向数据和截面数据的检验。

（6）针对研究成果，对工程实践案例进行分析。

1.8　研究的主要创新点

（1）信任的跨层次协同演化机制。把信任的演化过程分为初始信任产生阶段、维持阶段和破坏阶段。从施信方和受信方两个维度，个人、群体和组织三个层次，把信任分为九个象限。两个组织个体的人际间信任能够作为群体间或者组织间信任发展的基础和组织环境。相反地，信任的历史环境和两个组织间的合作关系可能使得代表各自组织的管理人员团体之间产生信任。

（2）揭示水利工程建设组织间初始信任的产生机制。把信任倾向、信任信念、受信方特征和基于制度的信任作为初始信任动机产生的前因变量。通过构建水利工程建设组织间信任的前因变量和信任动机之间的因果关系模型，应用结构方程、AMOS 软件进行实证研究。研究由水利工程建设组织间初始信任动机到初始信任行为认知与决策的过程。

（3）揭示水利工程建设组织间信任对项目绩效的影响机理。以组织间信任和机会主义为预测变量，组织间关系为中介变量，项目绩效为结果变量，构建组织间信任和机会主义对组织间关系影响的多项式回归假设模型，构建组织间信任和机会主义对项目绩效影响的多项式回归假设模型，以组织间关系为中介变量，研究组织间关系和机会主义对项目绩效的影响机理。

第 2 章   本书研究的理论基础

2.1   交易成本经济学

交易成本经济学只是新制度经济学理论传统的一个组成部分。与研究经济组织的其他方法相比,交易成本经济学有以下特点[96]:①更注重微观分析;②在作出行为假定时更为慎重;③提出资产专用性对经济的重要意义;④更加依靠对制度的比较分析;⑤把工商企业看成一种治理结构,而不是生产函数;⑥特别强调私下解决(而不是法庭裁决)的作用,重点是研究合同签约之后的制度问题。

交易成本经济学认为,经济组织的问题其实就是一个为了达到某种特定目标而如何签订合同的问题。有必要区分合同签订之前的交易成本和合同签订之后的交易成本。前者是指草拟合同,就合同内容进行谈判以及确保合同得以履行所付出的成本;如果是一份复合合同,事先就需要做大量工作,包括要估计各种可能发生的情况、要规定签约双方各自适当地让步以取得一致。或者也可以把合同条文明写得粗一些,留有余地,遇到具体问题再由双方重新谈判确定。

鉴于法律中心论有其局限性,合同签订后所发生的成本也就在所难免,因此,交易成本经济学坚定地认为,与合同签订有关的各种成本都应该受到同样的重视。签订合同后的事后成本有以下几种:①不适应成本,即涉及青木昌彦所说的"合同变更曲线",即交易行为逐渐偏离了合作方向,造成交易双方不适应的那种成本;②讨价还价成本;③启动及运转成本,即为了解决合同纠纷而建立治理结构并保持其运转,也需要付出成本;④保证成本,即为了确保合同中各种承诺得以兑现所付出的各种成本[96]。

由于合同存在如此错综复杂的情况,签订合同所付出的事前成本和事后成本是相互依存的。即使理论上能把它们区分开,实践中它们也一定会形影相随。而且计算这两种成本往往也很困难。通过制度比较,也就是把一种合同和另一种合同进行比较,就估计出它们各自的交易成本。

2.1.1   交易成本经济学的基本问题

交易成本经济学需要注意如下几个问题[96]。

（1）假定待出售商品或待提供服务的性质不变，只要把生产成本和交易成本放在一起考虑，就会遇到怎样节省成本的问题；由此需要对它们进行测度。

（2）从一般意义上说，生产或提供这些商品和服务的目的本身，就是一个决策变量，它能影响需求并影响生产成本和交易成本的大小；因此在计算成本时，应该把这种目的也计算在内。

（3）交易是在一定的社会环境——顾客的习惯及社会风俗等中进行的；因此，从一种文化背景下的交易转变到另一种文化背景下的交易，必须考虑这种文化背景的作用。

（4）不管私人成本、私人收益与社会成本、社会收益之间存在哪些区别，如果要解决它们之间的矛盾，还是应该把社会成本、社会收益放在第一位。

交易成本经济学像产权理论一样，也承认所有权的作用非常重要；但它进一步认识到，绝不忽视签订合同激励组合机制所起的作用。尽管产权理论和机制设计方法都沿用法律中心论的传统，交易成本经济学却对法院的裁决是否与效率要求相符提出了质疑，并因此将关注的重点转向私下解决。它的质疑：人们是不是应该根据不同的条件，根据由此所作的不同决策以及待解决的纠纷所具有的不同特点，来建立不同的制度呢？根据这种质疑，交易成本经济学又给所有权理论和激励组合机制理论增加了新的内容，认为合同签订以后的制度即事后支持制度才是最为重要的。

詹姆斯·布坎南认为："经济学已经越来越像一门合同学，而不是选择学了"；就凭这一条，经济学的主体也就不再是追求利益最大化的当事人，而是那些局外的仲裁人，因为只有他们才能协调各种权利之间的利害冲突。强调治理结构重要性的人承认，引导合同向哪些方向发展是一个科学，但这需要仲裁人和制度设计专家的共同努力。签订一项合同，不仅为了解决执行过程中发生的纠纷，还要事先看到可能发生的冲突，并设计出相应的治理结构，以求防患于未然或减轻其严重的后果[96]。

交易成本经济学认为，人们不可能在合同签订以前就事先估计到所有有关的讨价还价行为。恰恰相反，讨价还价无处不在。从这个意义上说，私下解决以及对全部合同进行研究，具有重要经济意义。因此，既要考虑代理人行为属性的特点，相应地又要考虑造成有限理性和投机行为的那些条件，从而决定这些条件正式交易（特别是涉及资产专用性的交易）的多重属性。

2.1.2　交易的合同问题

对于各种形形色色的"合同"，人们用过各种不同的词汇来描述，例如①计划；②承诺；③竞争；④治理。但这些描述哪个更为准确，就要看签订合同、进行交换所依据的是哪些行为假定；并且还取决于合同所涉及的产品或服务具有什么样的经济属性。对经济组织进行研究能否取得成效取决于两个关键的行为假定,一是代理人对参与这种交换持何种认同态度;二是他们会在多大程度上追求个人利益。交易成本经济学之所以把代理人假定为只具有有限理性,主要是因为"理性不足而故意为之";并且认为投机也是依靠诡计以谋取私利为前提条件。交易成本经济学进而断言,交易之所以称为交易,最关键的条件就在于资产专用性。只有在支撑交换的是双方各自投入的关系重大的专用性资产的条件下,交换双方才能有效地进行互利的贸易。正是为了提高交易双方的相互适应能力,促进持久的合作,对方利益交叉问题所进行的协调工作才成为经济价值的真正泉源。

　　因此可以假定,不确定性问题的影响已经大到不容忽视的程度;并且需要把各种合同中的有限理性、投机思想以及资产专用性三个条件上的差别考虑进来;作一个特别的假定,即规定出两个值,其中一个为正数、另一个为零;然后根据上述每一个条件所起的作用,分别赋予其中一个值;如果这个条件很重要,就记为+,如果它不起作用,就记为0。这样就可以分析三种情况,其中,每一种情况都缺少一个因素;最后还有第四种情况,即三个因素都具备。下面将对这四种情况进行比较,并分析与之相吻合的那些合同模型。具体见表2-1。

表 2-1　签约过程的各种属性[96]

行为假设		资产专用性	隐含的签约过程
有限理性	投机		
0	+	+	有计划的
+	0	+	言而有信的
+	+	0	竞争的
+	+	+	需治理的

　　在第一种情况下,交易双方都有投机行为,双方的资产也都是专用资产,但是经济代理人的认知能力不受限制,这大致就是机制设计理论所描述的内容。如果考虑到投机思想的要求,就应该把尊重私有信息的内容写到合同中去,但这样又带来了"激励组合机制"这个复杂的问题,而且,合同中所有的问题都要拖到事后讨价还价阶段才能解决。如果理性不受限制,那么要签订一个合同,从一开始就要进行全面的讨价还价,只有这样,才能在合同中充分写清楚对于合同签订以后随时可能发生(并且是双方都能发现)的那些偶然情况应该怎样适当处理。但是按照这样的规定,合同能否如约履行的问题就根本不会发生,或者,即使合同不完善也无妨,因为法庭能按照效率标准解决所有的纠纷。在这样一个理性无处不在的世界中,所谓合同,也就成了计划的天下[96]。

　　在第二种情况下,即代理人的理性是有限的,用于交易的是专用资产;但假定不存在诱发投机思想的条件,而这就意味着代理人能严格自律、言而有信。由于代理人只具有有限理性,所以合同中必然会留下漏洞;即使如此,如果交易双方都能像合同中要求的那样"信守诺言",即各自只需在签约前作出履约的保证(以追求共同利益最大化),并且在合同到期、需要续签合同以前,只收取公平合理的回报,那么双边关系也不会弄僵,也就无须采取什么韬略了。这样一来,只要最初的谈判不破裂,合同双方就能获得其财产权利中包含的一切利益。双方都没有投机思想,再加上前面所说的严格自律、言而有信的做法,就保证了合同的有效履行。从这个意义上说,合同的问题又被缩小为一个仅仅是承诺,即言而有信的问题了。

再设想第三种情况。其中,代理人只有有限理性,也热衷于搞投机,但资产不是专用资产。这种条件下,合同双方不可能有长期的互惠利益,就是说,只有分散的、逐个签订的市场合同才真正管用;当然这种市场也就是可以充分展开竞争的市场;其中处处都会遇到为争夺自然垄断特许权而展开的竞争。至于欺骗以及极其恶劣的欺骗行为,自有法庭裁决。按照这种情况,又可以把合同描绘成一个物竞天择的世界。

如果理性是有限的,存在投机思想,而资产又具有专用性,那么从以上三种情况推导出的结论就无效了。计划当然不可能十全十美(因为理性有限),承诺也不可能不折不扣地遵守(由于投机思想),这时就看签约双方是否同样聪明了(原因在于资产专用性)。这时的世界就成为治理结构的世界。既然法庭裁决是否有效已经成了问题,那么合同能否得到有效履行,也就全靠建立何种制度来进行私下解决,而这正是交易成本经济学所关心的范畴。在这种情况下,之所以迫切需要建立组织,原因在于:把各种交易组织起来,才能经济合理地运用有限的理性,同时又能保护交易者免受投机行为之苦。这样的命题,使人们能够从一个全新的角度,以更广阔的视野来看待各种经济问题。

2.2　交易成本经济学中的机会主义和信任

Williamson 发展出的交易成本经济学,侧重研究治理结构的特性与发生于其中的交易属性之间的关系。交易在许多方面各不相同,其中最主要的差异是资产专用性程度。为了防止其他交易方占有专用关系资产带来的准租金,进行专用关系投资的一方将要求获得保障。保障措施可以采用正式的、法律上可执行的契约形式,或者采用法律以外的私下安排的形式。

法治结构大致可分为三种类型:市场、混合体和层级制组织。对应于资产专用性程度的微小差异,可以微调同一治理结构中的保障措施。例如,在契约中增加一项条款。资产专用性程度的大幅度变化,则需要治理结构本身的转变。例如,用内部生产取代市场购买[97]。

交易成本经济学有两个重要的行为假设:有限理性和机会主义。缺少任何一个假设,经济组织的问题都是微不足道的。如果参与者是完全理性的,则任何期望达成的交易都能通过完备的契约加以保障。如果不存在机会主义行为倾向,交易双方通过承诺、信任及相互适应就能达到协调的目的。在这些情况下,保障措施是多余的,而且如果它们花费不少,人们根本就不会使用这些保障措施。机会主义和有限理性的结合才凸显了治理结构选择的重要性[98]。

再探讨在交易成本经济学中引入"信任"概念的可能性。在这一点上,机会主义假设尤其重要。Williamson 并未假设所有个体有相同的机会主义行为倾向:"一些人在某些情况下有机会主义倾向,而且……不同人的可信任度并非事先一目了然。其结果就导致事前甄别和事后保障措施的出现。"然而,交易成本经济学主要关注的是解释事后的保障措施的可能性。实际上,Williamson 在《资本主义的经济制度》一书中,仅有两处提及甄别,且都认为这种做法于事无补[98]。

这种关注保障措施而忽略甄别的做法,暗示产生机会主义的条件无处不在,尽管 Williamson 的说法与此相反。他关于如何摆脱机会主义方法的描述强调了这一效应。例如,在解释日本分包公司的实践时,Williamson 指出:"由于文化和制度对机会主义行为的约束,在日本的交易风险小于美国。"[98] 这可以被理解为:交易成本经济学在分析经济组织时,假定机会主义是人性中恒定的内核,而可信任度只是对它的补充,且后者随各国文化和制度的差异有所不同(图 2-1)。

图 2-1　交易成本经济学中的人性假设[97]

在交易成本经济学中,信任只起到了微不足道的作用。只有交易的另一方无须机会主义行为就能满足自身最大利益时(于人于己都有利),信任行为才不会与个人行为假定相冲突。称这种信任行为为"情境信任",因为它取决于行为的特征而非交易另一方的属性。基于对另一方的感知,认为对方具有与生俱来的可信度而形成的信任(称为"品质信任"),仍未被纳入交易成本经济学的考虑范围[99]。

交易成本经济学的观点似乎与"人们所知的世界"有相当大的差异。在与商人的交谈中,他们不时强调信任的重要性。这通常是指情境信任,与对方的特征无关。正如 Macaulay 所观察的,厂商要想继续在行业中经营,他最好别在交易中出尔反尔。但人们很难相信商人表现出的所有信任都是情境信任。交易者在行为准则、公平性和道德承诺上都存在差异,而这又会导致品质信任的差异[97]。

Bromiley 认为应该在交易成本经济学的解释框架中引入品质信任,并认为品质信任可能降低交易成本[100]。然而,若在任意情况下所有行为者都同样可信,可以很容易地将信任因素排除在解释框架之外,因为此时它只是一个无关紧要的"润滑装置"。

将可信任度存在差异,即交易各方的道德品质存在差异的情况,纳入解释框架会更合适。假设可信任度存在差异,信任可以被假设为资产专用性和保障措施二者关系的干扰变量[97]。这样,在具体交易关系中似乎必不可少的保障措施就成了资产专用性和信任的函数(图 2-2)。

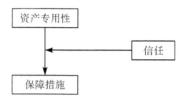

图 2-2 包含信任的交易成本经济学解释框架[97]

2.2.1 机会主义与信任

很难在理论上给信任下定义。定义得过于宽泛,很容易涵盖所有无法用其他因素解释的行为变量;定义得过于狭隘,就无法涵盖这一概念在日常语言中的很多内容。信任是一个多层面的现象,心理学家、社会学家、政治学家、哲学家、人类学家、伦理学家、管理及组织研究者都对信任给出了定义,但是缺乏一个对信任的统一定义。

在本书中,将主要讨论发生在具体个人间和组织之间的信任。在交易关系的背景下,定义可具体表述为:在缺乏足够的保障时参与某类交易的意愿[99]。这是一种操作层面上的,或者说行为上的定义:在特定的交易环境中必然存在特定的充分保障程度,若发现实际的保障程度低于该水平,就可以推断在该交易关系中存在信任。

信任可能是基于交易者认为他人将出于自身利益考虑而合作,也可能是基于交易者对他/她的内在可信度的感觉[101],这两种信任之间有质的差别。如上所述,情境信任很容易被纳入"机会主义内核理论"(如交易成本经济学),但品质信任却很难用交易者的机会主义行为倾向来解释。

为了将品质信任概念排除在解释框架之外,有些人会辩解:当交易者对另一方的信任是出于其个人利益的考虑时,交易的基础更为牢固。但深究起来,这一观点并非是不言自明的。在很多情况下,交易一方在作出是否进行厂商专用投资的决策时,通常能有把握地预测,如六个月后的交易者关系会如何发展。但他/她无法肯定在更远的将来,情况是否会发生重大变化。例如,技术变革将使竞争者无须进行专用投资就能供应产品。或者,未能预见的市场条件变化将改变厂商"自制-外购"决策的条款。有限理性行动者的预测能力是有限的[97]。

结果表明,与资产专用性相关的风险和交易环境的变动密切相关。在静态情况下,情境信任通常是可能的,也是充分的。但按照定义,情境信任在环境变化时就是不可靠的。因此,在很多情况下,交易双方无法过度依赖情境信任。当环境变化时,品质信任比情境信任更可靠,因此它是交易关系更可信赖的基础[99]。

基于"文明的自利"(enlightened self-interest)而形成的信任概念,在引入声誉后更有说服力。精于算计的行动者为了树立能使他人信任自己的声誉,将认真履行其承诺。通过这一方式,他们扩大了盈利性交易的选择范围。声誉因此成为品质信任的功能等价物或者替代物。将声誉概念用于解释天生的机会主义者的可信任行为,是循环论证,即交易者维护其声誉是因为它会影响将来的交易机会,而它之所以有这种影响力是因为交易者对声誉的维护。这一解释相当牵强,它无法解释为什么某些交易者在特定的时间、地点选择信任策略,而另一些本质上完全相同的交易者却不这样做[97]。

声誉概念仅仅为信任提供了一个相当脆弱的基础。首先,总是存在"金色机会"(golden opportunity):机会的诱惑力大到使人无法抗拒。其次,总是存在一些做法可以欺骗其他交易者而又不会严重损害自己的声誉。例如,用不可抗力来解释,或者以对其他人责任的含糊表述为借口。如果人们觉得,交易者可信的交易行为只是出于策略上的考虑,而交易者的本质并不值得信赖,人们对此人的信任将非常有限。

2.2.2　个体行动者:内核的分裂

首先,必须更具体地了解品质信任意味着什么,这种信任是基于交易另一方天生的可信任度的信念,也就是说,他/她信守其显性或隐性承诺倾向。显性承诺可能是书面或口头承诺;隐性承诺是指交易者仅在特定地点、时间而作出的承诺。这种(相互的)显性和隐性承诺是以往交易者间互动关系的结果,也伴随交易过程本身而存在[102]。

可信赖度作为信守承诺的倾向,与本质善良或通情达理等一般的概念不同。品质信任的存在是因为交易者相信:被信任的另一方将履行其承诺的受托义务和责任。受托责任和义务,即某些情况下将他人利益置于自身利益之上的责任及公平交易的义务[102],可以认为是伴随承诺而产生的。

假设可信任度与成本密切相关:一个可信的人愿意履行承诺,但这并非意味着他一定会不惜代价地履行承诺[102]。即使最可信赖的人也存在轻微的机会主义行为倾向。按这一推理思路,用人性的内核分裂模型取代交易成本经济学的机会主义内核模型,有助于讨论信任在交易关系中的作用(图 2-3)。

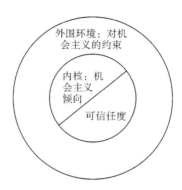

图 2-3　人性的内核分裂模型[97]

　　根据内核分裂模型,人生来就是可信的,但同时又有机会主义行为倾向,这一矛盾无法通过更高层次的效用,如"文明的自利"观点来消除。内核的外围是交易环境,它的变化将在不同程度上凸显人性两个基本特性中的一个。

　　人性内核分裂模型的一个优点就是它与人们的直觉认识一致,即很少有绝对的可信度和机会主义倾向。在特定情况下,人们倾向于在一定程度上信任或不信任他人。这一模型也与认知心理学中强调的决策过程中价值观冲突的重要性一致。人的思想是零乱的而非一元的,内核分裂模型正是对这一复杂结构的简化。

　　最后,只有通过内核分裂模型,才能解释道德信念和信任间的密切联系。这种联系同时存在于理论和实践层面上。例如,在理论上,"道德信念"是多种信任定义中的重要构成因素[102]。在实践上,Butler 指出:"道德信任是全面信任某个具体个人时需要达到的最严格的条件。"缺乏人性内核分裂假设,就很难理解为什么"道德观念"问题如此重要[97]。

　　但有人会反驳:内核分裂假设无法将模型引向某个具体方向,机会主义内核假设可能是不现实的,但它形成了一些可辩驳的观点。这一做法可以被视为发现简单假设能走多远的尝试。无疑,把明显的可信任行为看成是精于算计的、自利的表现,将会得出一些有趣的结论,但这样做毫无意义。只要能随意调整辅助假设,任何一种行为都能被证明"事实上"是基于自利的考虑[97]。然而,有时考虑更复杂但更合理的假设,远比继续停留在简单但令人质疑的假设上,并千方百计地得出一些结论更有益。

　　人们还可能反驳:从内核分裂假设中,无法导出与机会主义模型不同的可辩驳的含义。毕竟,偏离机会主义的行为也可以用文化对机会主义内核倾向的约束来解释。这种说法在原理上是可能的,但机会主义内核模型主要关注的是批驳可信度概念,并且仅仅基于机会主义和自利概念来解释。在 Williamson 的文章中,这种倾向非常明显。例如,他要求"应当直面机会主义危险的存在,而非忽视它";他还宣称,这种做法将引致"用更忠于现实的方式"讨论经济组织问题。与此不同,内核分裂模型预先假设人性中存在真正的可信度和机会主义,并用于交易的特定情境来解释可信度的差异。使用这种解释模型或许会给人以新的启发。

此外,内核分裂模型不一定就无法指明行为方向。如果能足够精确地描述增强可信度或机会主义行为产生的机制(内核分裂模型的外围部分),研究者就可以提出有关命题,预测在某些情况下将出现可信赖行为而非机会主义行为。即使来自上述模型的命题与基于机会主义内核模型的命题存在差异,这两种方法在本质上仍服从于同一个比较检验。

需要强调的是,以上建议的方法并不是说基于策略考虑的信任就不重要。恰恰相反,在交易关系中,两种信任都可能发生,并相互补充。此外,还应考虑限制机会主义行为倾向的第三种因素。到目前为止,都作出了目的性假设:行动者有意识地决定保障措施的水平和信任程度。事实上,由于个人认知能力的限制,大量行为都是无意识的行为。正如伯格和卢克所述,重复会形成习惯。交易组合中的习惯行为会产生类似的期望,从而降低不确定性并避免对自利的理性追求导致的行为。这与信任有相同的影响效果:由于交易双方未考虑到资产专用性的风险,也未考虑机会主义行为的可能性,人们将会忽略制定保障措施[99]。

品质信任建立在品质基础上,此时品质被视为特定个人的人性基本要素(尤指机会主义和可信度)的平衡与关联方式。品质可能与天性和环境因素有关,即与生俱来的品质和在教育、社会化过程中的内在价值。重要的是,品质不能随意改变。即使品质可能发生变化,这种变化往往也需要经历一个相当长的时期。并且,一个人的品质改变似乎只有在改变品质本身是目标(而非手段)时才可能发生。无论如何,如果某人被认为是因为自利而试图改变品质,他人将不会信任这一尝试。总而言之,对精于算计的自利行为的论述似乎到头了,很多人恰恰就想成为正派的人。

2.2.3　产生信任的条件和机制

在有关信任形成的理论描述中,交易双方互动过程的重要性被不断提及,本节将着重讨论互动过程如何促成信任的产生。

假设信任的决定因素导致主观信任(对方是否值得信赖的感觉),而后者反过来又将导致行为信任(在没有足够保障的情况下,与对方交易的意愿)。

在信任的决定因素中,关注的是交易各方互动的过程。这种互动过程将如何影响交易双方的主观信任水平?这可能存在两种机制:信任者达到更高的主观信任,有可能是因为另一方的实际可信度提高,或者因为他/她获得了关于对方(未改变的)真实可信度的追加信息(图 2-4)。

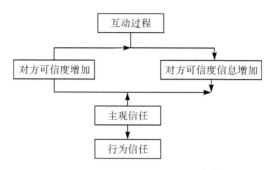

图 2-4　信任形成的概念框架[97]

表面上看,与特定交易伙伴的互动过程无法改变一个人的可信度。毕竟根据假定,可信度是个人的基本特性/个性的属性,而个性有助于决定个人行为并使其有别于他人的一系列持久的倾向,个性在定义上就是拒绝改变。因此,交易情境中的互动过程似乎不能影响个人的可信水平。

正如一般信任不同于对具体个人的信任一样,一般可信度也不同于在具体关系中针对特定对象的信任。尽管各人的一般可信度与互动无关,但特定关系中的可信度水平却会受到互动过程的影响。社会学理论认为,行为主体在朋友或熟人关系中的行为与其在陌生人关系中的行为迥异。在后一种情况下,行为重点是收益最大化;在前一种情况下,收益最大化受到公平和团结意识的限制。这种情况在实验环境中也得到了证实[103]。

对收益最大化倾向的约束可能与可信度的提高有关。如果交易者认为交易发生在朋友和熟人之间,该情景下的互动过程将强化其在交易中的可信任行为。请注意,内核分裂假设仍然有效:同一个人,在朋友和熟人关系中,表现出很高的可信度,但与陌生人交易时,却可能继续机会主义行为。人们在群体内部关系中很可能使用了不同的行为规范。即便在群体内部的关系中,也极少存在经济交易环境中绝对的可信度,机会主义的危险总是若隐若现。

导致主观可信度提高的第二种机制,是通过增加对另一方真实可信度信息的积累来实现的。尽管人们似乎能根据语言和非语言交流中流露出的微妙的、潜意识的线索,对他人甚至陌生人形成可信度方面的观点,但陌生的交易伙伴的品质在一开始是相当模糊的。随着交往的深入,经验积累将补充第一印象的不足,此时对交易伙伴机会主义倾向的评估会更加可靠。如果这种信息评价对交易伙伴有利,就可能增加交易者的主观信任[97]。

上述论证隐含了一个假设:个人间的可信度水平存在明显差异。实验证实了这些差异的存在[104]。人们发现囚徒困境中合作与竞争行为的差异也与个性特征相关[97]。因此，可以合理假设这些行为差异也与可信度相关。

至此，假设信任一方正确解释了有关被信任方品质的信号。在理论上，有可能一方的信任增加不是因为另一方更加可信，也不是因为他/她获得了关于其真实可信度的可靠信息，而是因为他/她的感觉发生了错误的变化。然而，基于错误感觉的信任关系在一开始就是不稳定的，受到错误信任一方的"渎职"行为或迟或早都会被发现。建立信任是可能的，但信任关系有时还可能遭到破坏[99]。

在特定情况下，上述两种机制中哪一种将起作用（可信度增加还是有关可信度的信息增加）？即便可信度的变化基于可信度相关的信息变化可以被测量，其操作本身也是极端困难的，但处在概念模型两端的概念却是可以被测量的。在理论上，可以度量互动过程的特性。行为信任同样也可以度量。若资产专用性提高，相应的保障措施增加，就可以推定交易者的行为信任增加。在某些情况下，保障措施不是充分可变的（如使用格式合同的情况），可以用主观信任的度量来替代[97]。

Butler[105]的典范研究开创了一个先例。该研究涉及具体个人的信任条件。在以往研究和对84位经理人的访谈基础上，他确定了产生信任的十项条件。接下来，通过对总数为1531人的管理专业学生使用同样的程序，他提出了测量上述条件的具体项目和尺度。最后他针对六个不同样本，从同质性、信度和效度来评价其构建的尺度，这六个样本分别是180名经理及173名下属、111名机器操作工。

该程序产生了十项信任形成条件的度量工具（加上总信任水平的评价尺度）。Butler提出了另外九项信任条件：可得性（若交易双方需要，随时可以到场）、一贯性（行为和决策方式前后保持一致，不会使他人因始料未及而担忧）、慎重（保守秘密）、公平（平等地对待他人）、信念（诚实坦率）、忠诚（不伤害他人的隐性诺言；善行）、开放性（自由的共享观点和信息）、信守诺言（言而有信）和接受能力（接纳他人意见）。

Butler的信任条件与互动过程的联系在于：通过互动过程，人们可以了解各种信任条件满足程度。对互动过程相关维度的初步分类表明，互动过程的延续性、强度和风险性对形成信任关系至关重要。

互动过程的延续性之所以重要，是因为信任关系是逐步建立的[102]。信任在重复的、互动加强的过程中得以发展。因此，互动过程的时间维度很关键。

互动过程的强度是指交易各方的沟通水平和"全身心投入"的程度。如果交易双方花费大量时间进行面对面的沟通，且沟通的主题远不止是手头正在进行的交易，他们就很有可能得到关于对方内在可信的信息。在这种情况下，关系也极有可能朝私人友谊的方向发展。

最后,互动过程的风险性也很重要,因为如果交易另一方在有机会做出背叛行为的情况下,抓住了这一诱惑,就是对信任关系的有力支持。换一种说法,互动的风险越大,冲突发生的概率越大,冲突处理方式对信任关系的未来发展就越重要:它可能被破坏,也可能被加强。在冲突期间,交易者基于现有信任度形成的期望被辜负,对方表现出过度的好斗行为,交易者就极有可能做出负面的情感回应。

互动过程的这三个维度不是毫无关联的。例如,互动的风险性很明显与延续性维度相关。每次信任期望得到满足都会使交易者在下一次互动期间愿意承担更大的风险。周期性的缔约使人们能"尝试调整保障措施,来适应更大的风险和对信任的更高程度的依赖"[101]。

只有在相当长的互动过程中,人们才能判断另一方是否的确是随叫随到的,他/她的行为是否保持一致。慎重、信念、开放性和接受能力最有可能在高强度的互动过程中被发现。公平、忠诚和信守诺言与互动中的风险性联系最密切。但是,与三个互动维度彼此相关相一致,认为信任的某项条件与多个维度相关联也是合理的。总之,这三个维度和九项条件能使人们理解交易关系中导致具体人际信任的有关因素。

行为信任无法摆脱资产专用性而被单独用于操作层面并加以度量。这是因为,它的定义就是,在资产专用性一定的情况下,人们在缺乏充分保障的条件下从事交易的意愿。由于行为信任不能独立于资产专用性而独立存在,将这一概念引入交易成本经济学毫无意义。但为了确定将主观信任引入交易成本经济学是否可取,确定行为信任的存在至关重要。比较分析对这一问题会有所帮助。静态和动态比较在这个问题上都是可能的。在静态比较中,可以比较交易关系中保障措施和相应的资产专用水平。如果发现交易关系中保障措施不太严密,就可将其视为行为信任存在信号。在动态比较中,资产专用性提高未导致保障措施的相应加强,就表明了信任的存在。然而如上所述,这种推理是有问题的。很难排除对这一问题的其他解释[97]。因此,度量主观信任及/或产生信任的互动过程是十分必要的。

最后,互动的风险性可以通过询问另一方是否曾有过背叛的机会、过去是否产生过问题或冲突等来估计。可以度量交易伙伴间关于依赖程度的感受(考虑到资产专用性和保障措施),并将其作为互动风险性的一个替代指标。

一旦主观信任和互动过程的度量成为可能,这两个概念都可以用于解释行为信任,以及何时何地会发现这一现象,相应的解释模型结构如图 2-2 所示。

2.2.4　机会主义和信任的博弈分析

机会主义有时不被视为一种行为假设,而是作为社会过程结果的内生因子。在 Williamson[96] 的文献中,有两处提出了这一说法:其一,"在日本,交易的危险不及美国严重,这是因为前者的文化和制度限制了机会主义行为的发生";其二,关于组织内活动和工作组织的不同形式问题,Williamson 将团队理论与日本式的管理原则相联系,当人力资源具有厂商专用性且存在团队生产时,日本式的管理原则是有效率的。其结果是,厂商"将进行大量的社会条件反射(social conditioning)来确保员工了解且认同厂商的意图,同时,厂商将向员工提供工作保障,以此保证员工不受限制。"在此需要指出两点:一是"社会条件反射"抑制了机会主义;二是当其声称提供社会保障、确保员工不受限制时,雇主(或高层经理)的机会主义行为实际上就已经体现出来了。

通过将机会主义视为人类行为准则,这与对声誉效应的探究如出一辙。重复发生的囚徒博弈有助于理解声誉效应。为了加深对这一问题的了解仍需对此深入探究,特别是它表明了机会主义和信任的制度化方式。此外,可以将交易成本的存在与垄断利益相联系。

可以想象有两位行动者(A 和 B)来参加表 2-2 所示的博弈。如果对两位行动者而言,r3>r1>r4>r2,则该博弈为囚徒困境博弈,在这种结构的选择后果下,一次性博弈的结果将是机会主义倾向明显的、非合作的纳什均衡,其选择为 r^A4,r^B4。在重复博弈中,引入所谓的"习惯定理"(folk theorem)。为了重复博弈的含义,令博弈再次进行的先验概率为 p,在技术上,这一概率即折扣因子,然而二者在强调重点上的差异非常重要。先验概念表达的是缔约后机会主义行为的(期望)发生率。折扣因子反映的是不适用于交易成本领域的完全指定的行为。用阿克塞罗德"以牙还牙"策略,多期博弈的结果见表 2-3,T 表示博弈发生的次数[97]。

表 2-2　囚徒困境的博弈

项目		行动者 B	
		信任	机会主义
行动者 A	信任	r^A1,r^B1	r^A3,r^B2
	机会主义	r^A2,r^B3	r^A4,r^B4

表 2-3　重复发生的囚徒困境博弈

项目		行动者 B	
		信任	机会主义
行动者 A	信任	R^A1,R^B1	R^A3,R^B2
	机会主义	R^A2,R^B3	R^A4,R^B4

$$R1=\frac{r1(1-p^T)}{1-p},\ R2=r2-r4+\frac{r4(1-p^T)}{1-p}$$

$$R3=r3-r4+\frac{r4(1-p^T)}{1-p},\ R4=\frac{r4(1-p^T)}{1-p}$$

公式中的逻辑如下:若两位行动者在第一次博弈中都是以信任的方式行事,在其后的博弈中,这一做法将被沿用下去,期望的选择结果是 R1。如果两位行动者在第一次博弈中都以机会主义的方式行事,则以后的博弈中这种做法也会被沿用,期望结果是 R4。如果行动者 A 在第一次博弈中以信任方式行事,而 B 则选择了机会主义行为,B 的声誉就受损,而 A 此后也会选择机会主义行为,A 的选择结果是 R2,B 则为 R3。只要两位行动者都按声誉逻辑决定其行事方式,可以说当两位行动者都认为 R1>R3 时,二者之间就会建立信任。

尽管这一框架在信任行为的利益方面似乎很有说服力,但从交易成本的角度来看,它没有考虑到为获取相关利益所花的成本。缔约过程包括搜寻、谈判和监督等活动。为了简化问题,假定这些问题都是组织中的"经常费用"。令行动者的信任行为及机会主义行为所对应的机会成本为 C_1 和 C_0,有理由假定 $C_1 < C_0$。这一推理表明,若式(2-1)成立,机会主义行为将不会存在。

$$\frac{r1(1-p^T)}{1-p} - C_t > r3 - r4 + \frac{r4(1-p^T)}{1-p} - C_0 \tag{2-1}$$

重新整理式(2-1),它表达了下面的关系,这足以形成信任行为

$$r1 - r4p - (r1-r4)p^T > (C_t - C_0 + r3)(1-p) \tag{2-2}$$

在式(2-2)的全部解中,有两个一般类别与这里的讨论相关:控制机会主义的高成本和长期雇用。

控制机会主义行为的高成本。这是一类可能的解决方案,其中 $r1 > C_t - C_0 + r3$。将这一可能性的特征归纳为控制机会主义的高成本,不仅是因为 $C_0 - C_t > 0$(依假设),而且它还满足更极端的可能性 $C_0 - C_t > r3 - r1$(此处 r3>r1),图 2-5 中表示式(2-2)的情况,反映了上面所说的关系。已知该曲线的形态,由于在所有可能的 p 值下式(2-2)都成立,信任关系的建立是必然的。

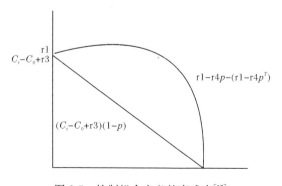

图 2-5　控制机会主义的高成本[97]

可以深入探究这类解决方案的含义。用式(2-3)代替不等式 $r1 > C_t - C_0 + r3$,并重新用公式表述该类解决方案。

$$Sr1 = C_t - C_0 + r3 \tag{2-3}$$

式中，S 表示图 2-5 中纵轴截距的关系（在这类方案中，$S<1$）。将式（2-3）代入式（2-2）中，可得

$$\frac{r1}{r4} = \frac{p - p^T}{1 - S(1-p) - p^T} \tag{2-4}$$

式（2-4）表明，为了避免机会主义行为的发生，一次性博弈选择结果之间的必然关系，可以被理解为标高定价（makeup），它取决于重复博弈的先验概率（对缔约后机会主义行为的主观风险估计）、任何一方缔约安排的时间长度，以及交易成本对控制机会主义行为的（相对）重要性（以 S 表示）。若 $S<1$，诱导出的信任行为的报酬为负（$r1/r4<1$）。可以用下面的方式理解这一问题。交易成本是开发关系过程中发生的沉淀成本。沉淀成本的存在引出了不可竞赛的经济关系。这种不可竞赛性，以及它所暗示的垄断权力，又导致了将交易成本转移到其他交易者身上的可能性。转移方式与税收转嫁相类似。在此处列出的博弈论框架内，这种转移显然与为诱导信任行为而支付的正负报酬相关。如果交易各方具有对称性（如下所述），可以认为信任（机会主义）与垄断权力是无法分离的。

2.3　本 章 小 结

本章阐述了本书研究的理论基础，探讨了交易成本经济学的基本问题，分析了交易中的合同问题；从交易成本经济学的基本假设出发，对经济交易中的机会主义和信任进行了讨论。

第3章 水利工程建设特点及其
参与方信任演化机制

本章首先从工程交易的特殊性出发,从工程交易方式、产品质量形成过程、组织形式和合同特点等方面探讨信任的重要性;水利工程所特有的复杂性和不确定性非常需要建设过程中项目参与方的信任;从信任的施信方和受信方两个维度,个人、群体和组织三个层次探讨信任的跨层次协同演化机制。

3.1 工程交易的特殊性决定了信任的重要性

工程交易和市场上其他商品交易最大的不同就是,工程交易实际上是期货交易,生产和交易的过程交织在一起。工程招标过程实质上是选择合格承包商的过程,当业主和承包商签订合同时,才是交易的起点,建设过程(生产过程)和交易过程重叠在一起,工程完工,承包商合同履约完毕才是交易的终点。工程交易伴随着工程建设的全过程,不同于市场上"一手交钱,一手交货"的现货交易。如果工程交易中有信任的存在,可以促进业主和承包商工作的决策效率、减少变更、索赔和争议,使工程建设顺利进行。

3.1.1 工程交易方式:期货交易需要信任的存在

建设工程产品的交易方式是先订货后生产,边生产边交易。业主通过招投标发包工程,实际上是选择一个承包商来完成这个工程,他和承包商签订的订货合同,是一个在规定时间交货的远期合约。合同签订以后,随着工程的实施,业主和承包商还伴随着一系列的交易。在招标时,业主面临很多承包商的竞争,在这样的市场均衡中,业主占主导地位;而当签订合同之后,业主和承包商是对等的一对一关系,由于资产专业性的存在,业主会面临承包商的道德风险。

3.1.2 产品质量:形成过程需要信任的存在

建设工程产品的质量形成过程是基于整个建设过程的,在建设过程中不断地形成中间产品,每一批中间产品的质量都需要经过监理工程师的检验,有些中间产品的生产过程需要监理工程师的全过程监督(旁站)。由于产品的复杂性,存在很多隐蔽工程,其最终产品的质量水平难以确定,导致组织绩效难以衡量。业主就必须监督其生产过程,以确保产品质量的合格,由此产生了大量的交易费用。那么组织间的信任能否在保证质量水平不变的前提下减少质量监督呢?

3.1.3　组织形式:中间性组织的治理需要信任的存在

建筑工程产品独特的生产方式,决定了其组织形式也是独特的。Eccles 把交易费用经济学应用于建筑行业,分析了总承包商和分包商之间的关系,认为总承包商和分包商的关系是一种垂直一体化的组织,由于交易费用的存在,他们需要建立稳定的组织实体,但是这种组织又是介于市场和科层企业之间的形式,是 Williamson 所提到的一种内部契约系统,是一种"准企业"(quasi-firm)形式[60]。其实这种关系不仅存在于总承包商和分包商之间,而且存在于业主和承包商之间。业主和承包商之间是以合同为纽带的交易,但是业主和承包商之间不是简单的市场交易关系,两者的联系要更为紧密,显然这种合同是一种关系型的合同。这种介于企业和市场之间的组织,被称为中间性组织。这种组织方式的治理机制也不同于单纯的科层组织和市场。

3.1.4　合同特点:可重新谈判的不完备合同管理需要信任的存在

工程的复杂性和人的有限理性,导致工程合同是典型的允许重新谈判的不完备合同。工程的周期一般都比较长,材料价格的市场波动是无法预计的;工程地质的复杂性,会导致在工程实施过程中遇到不可预测的地质情况;一个工程项目往往在设计还未完成时就开始招标选择承包商并签订合同,在这个阶段,业主的需求可能还未完全明确,而且在建设过程中会面临更多的不确定因素,从而带来工程变更和索赔。由于这种不可预知的不确定性和复杂性,业主和承包商为了减少自己的风险,都希望之前所签订的合同是可以事后谈判的合同。因此,合同执行过程中的变更和索赔就是双方重新谈判的过程。由于资产专用性的存在,合同缔约双方被嵌入在此合同中,会使业主在谈判过程中面临承包商的"敲竹杠"行为而产生交易费用。业主要在合同签订之前尽量保证设计的完整性,减少合同的不确定性,或者采用事后激励的方法,减少承包商变更和索赔的机会,以减少交易成本。

在不完全合同理论(incomplete contracts theory, ICT)中,完全合同是不完全合同构建模型的基础[96]。通常完全合同有两种类型:或有索取权合同(contingent-claims contracts, CCC)和完全合同(complete/comprehensive contracts, CC)。或有索取权合同依赖于合同条件相关的所有变量,合同执行过程中的所有自然状态都是可以观测、可以证实的(交易局外者可以观测,如合同强制执行机关和法院),使逆向选择和道德风险没有发生的可能。或有索取权合同是依照一般均衡模型构建的,而不是合同模型,这种关于合同问题的简化,与真实世界的合同相比是非常不现实的[106]。在现实中,起草合同需要成本,合同执行能力往往有限,合同双方不能立即对复杂而又长期的合同进行预测和判定。甚至,如果没有谈判和起草合同成本,没有法律系统的约束,有限理性(双方无法准确知道在合同执行过程中会发生什么状况)[97]会导致合同双方忽视影响双方关系的一些变量。

无论业主如何努力,工程合同的不完全性都无法改变,重新谈判必然会在工程交易中发生,如果双方有信任关系的存在,那么"敲竹杠"、机会主义行为就会相应减少,信任显然有助于促进双方重新谈判的效率[107]。

3.2　水利工程建设项目的特殊性

水利工程建设周期一般较长、投资较大,施工技术复杂,施工条件也复杂,且受自然条件影响较大,在建设过程中风险因素繁多且不确定性大。水利工程建设涉及专业门类众多,各种专业交叉施工,组织间界面管理难度大,因此,组织的信任就非常重要。

(1) 不确定性大。和其他工程相比,水利工程最大的特点是边界条件的不确定性、复杂程度高,主要体现在地质条件方面的数据具有较大的不确定性。最重要的是,水利工程一般在初步设计完成之后就进行招标,在实施过程中造成实际情况和初步设计差异很大,尤其是不确定性的地质条件和不确定性的施工环境。因此,实施过程中协调管理工作量会明显增加,对组织间信任提出了更高的要求,尤其是在水利工程实行工程总承包等非传统建设模式时,更需要承包方和发包方之间建立更高程度的信任关系。因此,发包方在选择承包商时更应注意考察潜在承包商的信用情况。

(2) 水利工程的单一性和其他工程相比也更明显。任何两个水利工程之间可能有类似的规模和结构形式,但它们的外部自然条件往往是千变万化的,其工程结构也不一样。可以说,世界上没有完全相同的两个水利工程。在建设过程中,业主和承包商经常会面临以前从没有遇到过的难题,这就需要双方本着平等、互信、真诚的态度去共同解决问题。

(3) 水利工程多属公益性项目,一般由政府投资,真正的业主方缺位。从这个意义上说,委托信誉好、实力强的承包商承担工程建设任务,也可在一定程度上减少业主方的管理工作量。

(4) 工程规模通常较大。工程规模一般可用工程投资规模、工程结构尺寸等指标衡量,并分成大型工程、中型工程和小型工程。对于大型建设工程,其对承包商的能力、经验会提出较高的要求,对业主方的管理能力和经验也是挑战。

(5) 实施过程中子项工程的依赖程度较强。如水利水电枢纽工程,工程十分集中,所有子项间在施工中依赖性较强。由于目前水利建设行业大都采用分项发包(design bid build,DBB)方式,在施工过程中不同承包商之间的干扰会十分明显,最终结果是协调管理工作量显著增加、交易费用大幅上升。如果组织间信任度较高,则这种干扰带来的负面效果可以得到一定改观。

(6)受外界环境影响大。由于水利工程施工周期通常较长,实施期间的水文条件千差万别,施工期防洪体系的设立以及安全度汛的风险都较大。水利工程常常因为实际水情变化与预先设定的防洪标准不符,从而导致洪水对已修建的工程造成毁灭性的损失。对此类风险的防范,也存在着很大的不确定性。

(7)大型水利工程分期建设。大型水利工程都是分期建设、分阶段招标,如南水北调工程东线工程分一期和二期建设,南水北调河南段工程分黄河以北和黄河以南分批招标。业主和某个承包商在前期工程中有过成功的合作经历,双方的信任已经建立,那对承包商在后期工程招标中就非常有利,在中标之后双方的信任进一步加强,双方的合作就会非常顺利。

从水利工程的上述特点可知,水利工程建设对组织间信任提出了更高的要求[108]。

3.3　信任的层次性与协同演化

3.3.1　信任的多层次性

对信任的研究一般集中在个体层面[7]。然而,对信任的定义可以被应用到人、群体和组织,因为这三种实体都能作出信任的决策,并在决策之后都可以做出信任的行为。事实上,组织研究人员对个人(如 Bazerman[109])、群体(如 Bar-Tal[110]、Hackman[111])和组织(如 Huber[112])的决策研究是很常见的。因为个人、群体和组织都有能力作出信任决策,对信任的概念认识从人际层次到群体间层次再到组织间层次。因此,不同层次上的信任可表述如下:存在风险的情况下,个人、群体或组织之间的信任通过行动决策来显示,这个行动允许他的命运由另一个人、群体或者组织来决定。

关于信任多层次的研究可以在组织间关系方面的文献中发现。例如,Barney和 Hansen[113]认为,在联合体中,人际间的信任和组织间的信任之间可能存在差异,因为在很多情况下,尽管合作伙伴企业之间的信任是微弱的,但是伙伴关系的管理者之间的信任水平可能是很高的。Doz 研究了联盟企业中,某一组织层面的信任如何影响另一个层面信任的演化和发展[114]。Zaheer 等[51]用实证的方法研究了组织间信任和个人间信任的不同。

Currall 和 Inkpen 提出了两个维度三个层次的信任模型。该模型首先把信任的双方分为施信方和受信方两个维度,把信任分为个人之间、群体之间和组织之间三个层次[115]。本书根据 Currall 和 Inkpen 的研究成果进行了一定的修改,形成如图 3-1 所示的信任两维度三层次模型。

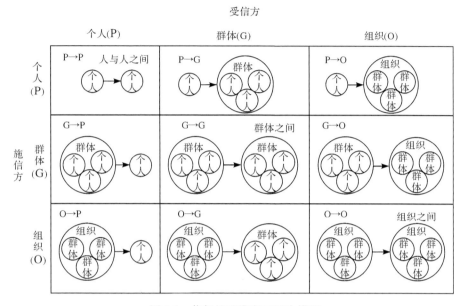

图 3-1　信任的两维度三层次模型

如图 3-1 所示的框架显示了信任的两个维度三个层次。模型 P→P 指的是作为个人层面的施信方和受信方。以业主和承包商的关系为例,信任关系的复杂网络在人际间、群体间和组织间不同层次运行着。在双方的交易关系中,有几个重要角色对工程建设的顺利进行起到重要作用:业主方项目负责人,承包商的项目经理,业主方工程、合同、质量管理部门负责人,承包商工程、合同、质量管理部门负责人。这些个体之间的信任对两个组织之间的信任影响非常大。模型 P→G 是人际间模型的变异形式,是个人作为施信方对对方组织中某些群体(如高层管理人员、现场一线管理人员等)的信任。模型 P→O 反映了一个管理人员对对方组织的信任。模型 G→G 反映了交易双方组织中群体(管理人员、技术人员)之间的信任。模型 O→O 代表了组织间的信任。

3.3.2　信任的演化

人际间、群体间与组织间不同层次信任之间的相互影响是在信任的发展过程中发生的。在此要澄清几个概念,信任、没有信任、没有不信任、不信任。信任的对立面是没有信任,但是不代表不信任;不信任的对立面是没有不信任,但是不代表信任;没有信任和没有不信任,应该是在一个层次。

Curral 和 Epstein 展示了如图 3-2 所示的信任演化的不同阶段[116]。图形显示,在关系形成初期,信任是从零点开始的,零点表示既没有信任也没有不信任,当事人由于信息的缺乏导致无法判断对方的可信赖度。信任的发展经常是缓慢且渐进的,因为当事人对信任往往趋向于沉默。尤其是在对对方一无所知或者存在不确定的情况下。因此,信任的构建遵循增量模式;可能一开始先从小的方面信任对方,观察这样的信任是否应该维持或者结束,然后一步步地谨慎推进对对方的信任。

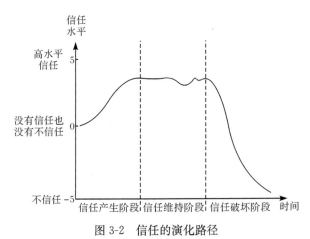

图 3-2 信任的演化路径

随着时间的推移,如果建立信任的行为得到实施,信任的程度持续增加,直到开始进入信任维持阶段。在这一阶段,如果任何一方不做出违反信任的行为,信任的程度将保持大致不变。然而,如果违反信任的行为发生了,那么信任的整体水平将会大幅降低,直至信任破坏阶段。必须要通过建立信任的巨大努力才能够使信任重新回到零点,而更进一步的努力才能回到积极的信任域。

3.3.3 信任的跨层次协同演化

一个层次的信任对另一个层次的信任是如何影响的,从这个意义上来说,一个层面上的信任是另一个层面上的信任发展的组织环境。

什么是协同演化? Lewin 和 Volderba 确定了组织协同演化模型的五个属性:①多层次性;②多向的因果关系;③非线性结构关系;④组织间的反馈和相互依存;⑤历史依赖。首先讨论多层性、多向的因果关系(互惠关系)和历史上的相互依存[117]。

说到多层性,之前提出了信任的多层次框架。就多向的因果关系来讲,将讨论个人间、群体间和组织间的信任如何以协同的方式相互影响。关于历史依赖性,个人间、群体间和组织间信任的相互影响随着时间慢慢显现出来。例如,个人

间的信任可能会随着时间的推移形成群体之间的信任,这最终可能会扩大到组织
间的信任。一个层面的信任能够作为另一个层面信任发展的环境和基础。

　　三个层次之间的关系如图 3-3 所示,来自两个组织的领导者的人际间信任能
够作为群体间或者组织间信任发展的基础和组织环境。相反地,信任的历史环境
和两个组织间的合作关系可能使得代表各自组织的管理人员团体之间产生信任
或者两个企业管理人员个人间信任的产生。这种在个体间、群体间和组织间不同
层面信任的协同关系也就是"信任的协同演化"。换句话说,一个层次的信任将会
随着时间而变化,并由此成为另一个层次动态信任发展的基础和组织环境。个体
间、群体间和组织间不同层次的信任存在双向的互相影响的协同关系。

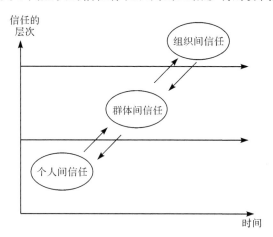

图 3-3　信任的多层次协同演化

3.3.4　信任的跨层次协同演化的驱动力

　　很多因素决定了信任的跨层次运动。例如,个体间层次的信任能够影响群体
间层次的信任,同样,这也能够影响组织间层次的信任。事实上,从发展观的角度
来看,信任可能起源于一对一管理人员之间的关系,但是,随着时间的推移,这样
的信任能够以形成群体间信任的方式分散在组织中。此外,当单个的管理人员信
任另一个管理人员时,他们之间关系的力量能够促成组织间的信任,因为这些管
理者通过日常的组织管理对其他管理者产生影响。

　　当一个新的交易关系建立时,关于对方组织及其管理者的信息是不完整的。
如果之前两个组织有成功的合作,管理者可能会意识到两个组织之前的关系可能
是很好的、值得信任的。同时,群体间的信任也可能是组织间合作、信任的基础。
相反,如果群体间存在不信任,会对个人和组织间的信任产生不良影响[115,118]。

　　另一个导致信任分散或者从一个层次转移到另一个层次的因素:信任是基于

证据性特征[118]。信任的水平随着赞成或反对的相关证据而变化。施信方对受信方的行为证据非常敏感，他时刻在评估着受信方的可信任、可依赖程度，并不断地根据评估的结果作出调整。尤其是在信任的风险程度非常高的时候，施信方获取受信方信息的频率和敏感性就更高。如果受信方（个体）做出了让施信方（个体）感到值得信赖的行为，那么双方的信任关系将会进一步发展，从而影响群体间、组织间的信任。反之，两个个体之间的信任可能受到两个代表合伙企业团体间这一层次信任发展和信息的影响，因此，如果对应的组织采取违反信任的行动，就可能使得代表两个企业的两个人间一对一关系的恶化。类似地，如果一个组织出台的政策是为了向另一方隐瞒信息，群体或者个人就会将这项决定视为对方组织不能被信任的证据；因此，群体间或者个人间的信任就可能受到损害。

因此，信任是否从一个层次"迁移"到另一个层次是由受信方个人、群体或者组织的可信任度表现出来的证据决定的。这就是为什么信任是一个动态构念。信任不是静态的，因为在个人间、群体间、组织间始终存在一种关于受信方信任证据的"流"在运动，这种"流"所包括的信息在引导施信方不断地更新和调整他们对受信方可信任度的评估。

信任跨层次"迁移"也可能受阻[119]。在组织间合作中，为了完成某种任务的需要，要求对方共享信息和知识，有的合作方有可能会采取不积极的行为。当知识的流动被抑制时，组织内管理者群体间或者单个管理者间信任的发展就会受阻[119,120]。这些保守的、消极的共享知识的态度可能会抑制组织信任的发展，因为对对方隐藏一些信息的行为可能会增加对方对其他一些信息被隐藏的怀疑。

3.4　信任和信用的关系

信用就是建立在施信人对受信人之间的偿付承诺，使受信人无须支付现金就可以获取商品、服务的能力[121]。信誉或声誉是有关个人、群体或组织是否能够保持真实的信息，更是个人、群体或组织的潜在交易对象对他们是否能够保持诚信正直的一种判断，潜在的交易对象会根据个人、群体或组织在上一个时期的表现信息来预测他们今后是否可能诚信，从而决定是否与他们进行交易[122]。

信任、信誉和信用的演化机理如图 3-4 所示。以承包商 A 为例，假定承包商 A 和业主 B_1、B_2、B_i 都是第一次进行工程交易，承包商可以选择诚实守信的行为，也可以选择机会主义的行为，结果就会产生两种状况，业主对承包商 A 产生信任或者不信任，就是图中的第一阶段。在第二阶段中，承包商 A 在与业主的交易过程中，赢得了他们的信任，别人也就对该承包商 A 有了不错的印象，有可能通过媒体的宣传，承包商 A 在整个经济环境中就树立起了良好的信誉形象。于是许多潜在的客户都有了与承包商 A 合作交易的动机，承包商 A 也具有了自己的信用，如

图 3-4 中第三阶段所示。

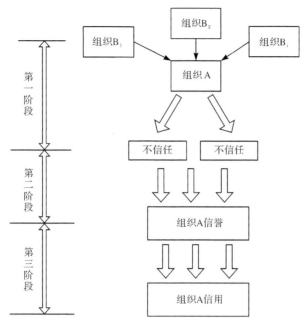

图 3-4　信任、信誉和信用的演化机理

信任是施信方认为受信方实施合作行为的可能性评价；信誉是更广泛的信任，是信任在社会中长期积累的结果；信用既是信任的结果，又导致了新的信任[123]。

3.5　本 章 小 结

从交易的视角分析了工程交易的特殊性，从工程交易方式、产品质量形成过程、组织形式和合同特点等方面讨论了信任的重要性；探讨了水利工程所特有的复杂性和不确定性。从施信方和受信方两个维度，个人、群体和组织三个层次研究信任的层次性。把信任发展的过程分为产生、维持和破坏三个阶段。两个组织个体的人际间信任能够作为群体间或者组织间信任发展的基础和组织环境。相反，信任的历史环境和两个组织间的合作关系可能使得代表各自组织的管理人员团体之间产生信任或者两个企业管理人员之间的个人间信任的产生。这种在个体间、群体间和组织间不同层面信任的协同关系就是"信任的协同演化"。一个层次的信任将会随着时间而变化，并由此成为另一个层次动态信任发展的基础和组织环境。个体间、群体间和组织间不同层次的信任存在双向的互相影响的协同关系。

第4章 水利工程建设参与方初始信任产生机制

水利工程建设中,初始信任从招标阶段开始,如果业主和承包商之间没有关于对方的可靠的、可证实的信息,也没有和对方交易的经历,这对于双方就是初始信任的开始。本章将研究业主和承包商直接的初始信任是如何产生的。

4.1 初 始 信 任

信任都是由初始发展而来,而且随着时间的推移信任水平在不断增加。在市场交易关系中,当双方互相不熟悉时就处于初始信任状态[124]。他们彼此之间没有关于对方的可靠的、可证实的信息,也没有和对方交易的经历,对于双方来讲,都是初次交易。这个定义就意味着,当双方通过亲自的交易和接触,获得了一手的来自自己亲身经历的、可靠的、可证实的信息时,信任就转向下个阶段,初始信任阶段就结束了。

对于市场交易的主体而言,初始信任的构建是非常重要的,因为所有的交易关系都开始于初始信任。初始信任的特点是不确定性和怀疑。在初始信任阶段,交易方可能会延续或者撤销合作,可能会产生愿意或者不愿意的意愿,可能会产生有信心和安全的感觉,也有可能会产生紧张、怀疑和猜忌的感觉。在任何情况下,信任水平都影响双方的效率,要么很容易地完成任务,要么很困难地完成任务。初始信任是交易双方能否合作并且继续下去的关键。

初始信任非常重要的另一个原因是,它能够挖掘一条认知(或者是情感)的渠道,这个渠道会对将来的关系发生持续的影响。双方关系模式其实在一开始就建立了,并对后期的关系发展产生重要影响[125]。初始的关系之所以重要,是因为双方的主张、意愿、信念都在一开始就建立了,并且这种信念机制也一直保存在双方的关系中,很难改变。一方对另一方的初始印象影响其对社会知觉和对对方行为的判断。因为信任是任何关系的核心[126],所以初始信任就是任何关系发展的前因变量。

初始信任一般开始于一个比较低的水平,会随着时间逐渐增加[127],但是

Kramer 的研究发现,以前从未谋面的 MBA 学生的初始信任却在一个较高的水平上,这就产生了初始信任的悖论问题[128]。计算型信任(calculative-based trust)是市场交易主体在理性的成本和收益权衡之后作出的信任决策[129,130]。依照计算型信任的观点,双方关系中,如果缺乏利益的激励,那么信任将处于一个较低的水平。知识型信任(knowledge-based trust)随着双方的交往和经历并积累有关信任的知识使信任关系不断发展[129,131]。按照知识型信任的观点,双方的信任需要时间、互相接触才能发展到一个比较高的水平,但是这与 Kramer 的研究结果正好相反。那么在高水平的初始信任背后是否隐藏着还不知道的因素,而这些因素可以促使他们第一次见面就能产生高的信任水平[118]。

4.2　理论模型构建

　　两个主体之间的初始信任有可能不是基于任何经历和自己所拥有的知识,而是他有信任的意愿和倾向或者是由于他基于对制度所传达的信息,促使对不了解的主体产生初始信任。

　　信任就是主体的意愿,愿意相信并且依赖对方[132]。信任可以分为:①信任意向(trusting intention),就是在特定情境下,一方愿意去相信、去依赖对方[133];②信任信念(trusting belief),意味着在特定情境下,一方相信对方是善良的、有能力和胜任力的、忠诚的、行为可预测的[132]。

　　在此运用理性行为理论(theory of reasoned action,TRA)。理性行为理论认为信念会引发态度,态度产生行为动机,行为动机将最终导致行为的发生。

　　初始信任产生的标志就是施信方采取了信任的行为,本书把由信任动机到信任行为的产生分为两个过程,如图 4-1 所示。

　　(1)信任动机的产生过程。把信任倾向、信任信念、受信方特征和基于制度的信任作为信任动机的前因变量。受信方特征就是受信方是否具有被施信方信任的特点。基于制度的信任,就是交易双方都处在同一制度环境下,双方都遵守现有的法律法规,知道该行业的交易规则,这样的环境使双方感觉到安全保障,对方的行为具有可预测性。信任倾向就是主体有相信对方的偏好,能够影响个体的信念和动机。

　　(2)信任行为的产生过程。在基于初始信任的前因变量信任倾向、信任信念、受信方特征和基于制度的信任作用的基础上,施信方产生了信任动机。在产生信任动机之后,施信方还需要经过认知过程和决策过程才能把信任动机转化为信任的行为。

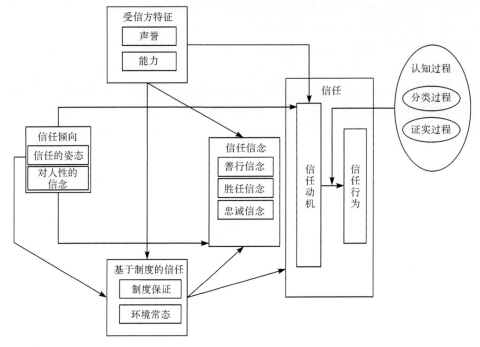

图 4-1　初始信任产生机制理论模型

4.3　假设的提出

4.3.1　信任倾向

信任倾向就是交易的一方有愿意依赖另一方的意愿和倾向。本书用两个构念来测量信任倾向：对人性的信任和信任的姿态。对人性的信任就是市场主体对人的最基本看法，他相信人是正直的、善意的、可依赖的。借助于信任信念的概念，此处把对人性的信任分为对诚信的信任倾向、对能力的信任倾向和对善行的信任倾向。信任的姿态就是不管别人是否愿意相信对方，他都愿意相信对方是正直的、可依赖的，并且相信和对方合作能够带来好的结果[134,135]，直到他通过自己的经历证明他是错的为止。

1. 信任倾向与信任信念和信任动机的关系

可以看出，信任的姿态来自自己主动的选择，会通过自己获得的知识而改变这种信任，显然是一种计算型信任。不管对人性的信念还是信任姿态都是一种人性的倾向而不是人性的特征。Goldsteen 等发现信任倾向在公众对州政府原子能机构的不信任中起到了显著作用[136]。Mayer 等也认为信任倾向是信任的重要构念[132]。当双方处在一种以前不认识、高度模糊、陌生和非结构化的状态时,信任倾向可以预测信任行为,因为在此情境下,人与人之间的期望也只能依赖于这种倾向。

对人性的信念的效应。因为对人性的信念反映了人对他人的基本看法,他认为人都是可靠的这一特征将极大地影响他对初始信任的信念,这将使双方的关系迈上一个台阶[128]。也就是说,在施信方不能获得其他额外信息的情况下,他只能凭借对人性的信念去依赖受信方[137]。初始信任情境的特点就是"模糊",因为双方没有获得关于对方进一步的信任,而且双方面临的角色和任务都是全新的。因此可以推断,在初始信任阶段信任的信念将可能会产生信任信念。

信任的姿态就是当该对象没有被证明是不可信任之前,他都保持对该人的信任。拥有高的信任姿态的人相信事物都向好的方向发展,人都是可以依赖的,即便目前还没有证明该人值得信赖。因此可以推断,信任姿态可以产生信任动机和信任信念。因此,提出以下假设。

假设 1a:在初始信任阶段,信任倾向对信任信念有正向影响。

假设 1b:在初始信任阶段,信任倾向对信任动机有正向影响。

2. 信任倾向与基于制度的信任之间关系

对人性的信念反映了一个人对人的最基本看法和人际交往的经验。如果一个人对人性的善行和诚实怀有信念,那么他通常很可能会对社会制度的保障产生信念。换句话说,社会制度保障的信念是基于对人性的信念之上的,因为人对自己在交易(交往)中应该扮演什么样的角色,往往是根据其对制度环境保障的安全性和风险性之间的平衡而得出的。也就是说,在双方关系发展的初期,施信方的信念是建立在"假设"而不是事实基础上的。

信任的姿态也会影响初始信任阶段制度保证的信念。具有高水平信任姿态的个人认为,无论他/她的信念是否针对特定的人,信任他人总是有利于自己成功的。制度保障或社会安全网能够保护人们正当的交易免受他人的侵害。也就是说,当施信者的信任姿态处于高水平时,就很容易产生一种高的制度保障信念。当双方第一次见面,这个人已经形成的高水平信任姿态往往会促进高水平的制度保障来保证信念的产生。随着时间的推移,双方之间的关系可能会在互动之中相互促进,但在最初的会见中,一个人将依赖于他/她之前的倾向(也就是信任的姿态),形成对制度保障的信念。因此,提出以下假设。

假设 1c:在初始信任阶段,信任倾向对基于制度的信任产生正向的影响。

4.3.2　信任信念

信任信念就是施信方的信任知觉,对受信方的信心,相信受信方会对自己有益。本书把信任信念分为三个测量指标:能力信念(有能力完成合同中的任务,能够满足施信方所需)、善行信念(受信方对施信方的利益关注,并且有动机去完成受信方所需)、诚实信念(受信方忠诚,能够信守诺言)[132,138,139]。

研究信任信念和信任动机之间联系的文献很多[132]。Dobing 发现信任信念和信任动机(愿意依赖)之间有非常强的相关性[140]。从逻辑上讲,如果一个人认为对方是善良的、能干的、诚实的,并且行为可预测的,就会对他产生信任动机。因此,可以推断信任信念将对信任动机产生正向作用。因此,提出以下假设。

假设 2:在初始信任阶段,信任信念对信任动机有正向作用。

4.3.3　受信方特征

受信方特征就是被相信的一方本身所具备的特征,能被施信方依赖、产生信任信念,是因为受信方本身具备让施信方相信的特征。对人与人之间的初始关系而言,陌生的双方不具备对对方了解的信息,所以不存在受信方特征问题。但是在建设工程交易中,业主和承包商的初始信任产生于投标过程中,包括资格预审、综合评标等。资格预审其实就是对承包商特征的了解,包括其声誉和能力的筛选和考察;资格预审也是初始关系的开始,资格预审结束后,那些通过资格预审的投标方和业主才是初始信任的开始;评标过程其实就是对承包商能力的考察,选择一个满足质量、进度要求,工程造价最低的承包商。随着评标过程的结束,双方的初始信任开始达成。因此,根据水利工程交易的特点,把受信方特征分为声誉和能力。

声誉是市场交易主体在过去的所有表现、历史记录所形成的信息,可以随着时间慢慢积累。声誉是一个交易者在以前的市场中给其他交易者留下的印象[141]。Wilson 认为声誉是市场交易主体在市场中所具有的属性,取决于企业以往行为的积累[142]。同时声誉还具有不可替代性、持久性、不可买卖性[143]。但是,声誉是无形的,还具有易碎性,即一旦出现有损声誉的行为,声誉将快速被破坏。

Barney 和 Hansen 认为声誉是企业拥有的一种属性,而该属性是企业值得信任的信号[113]。因此,声誉是企业愿意通过值得信任的行为来进行投资的一项资产[142,144]。

声誉具有认知性,可以让项目中的一方事先对另一方产生好感,增进了解,同时也促进了对另一方的认同,也就有利于初始信任的产生[144]。所以,不考虑其他因素,即声誉越高,初始信任也会越高。在水利工程建设中,良好的声誉是产生信任信念、信任动机的必要条件。

能力是指市场交易主体完成某些工作的可能性。Mayer 等认为能力就是受信方在某领域的技能或影响力[132]。个体或组织的做事能力越强,其按计划完成工作任务的可能性就越高。

Sako 所提出的能力型信任,意味着能力对信任起重要作用,这被众多学者的研究所提及[145]。Cook 和 Wall[146]、Butler[147]、Booth[148]等学者都认为,能力是初始信任产生的重要原因。张延锋认为能力是与陌生或初次交往的企业交易首先应考虑的因素[149]。能力之所以能促进信任的产生,与风险因素有关。能力强的企业,完成既定任务的可能性高,而不能完成任务的风险就小。

Wood 等认为在建设工程项目中能力就意味着能使另一方从交易关系中获得满意或为另一方创造增值。如果一方没有能力胜任该项工作,另一方将不会与其建立交易关系,也就没有信任存在[150]。因此,提出以下假设。

假设 3a:在初始信任阶段,越是正向的受信方特征(声誉和能力高),越易使施信方产生信任信念。

假设 3b:在初始信任阶段,越是正向的受信方特征(声誉和能力高),越易使施信方产生信任动机。

假设 3c:在初始信任阶段,越是正向的受信方特征(声誉和能力高),越易使施信方产生对制度的信任。

4.3.4　基于制度的信任

基于制度的信任是基于社会学的概念,在特定的历史条件下、特定的行业中,由于社会中存在法律、法规和技术规范,并且这些法律、法规、技术规范都可执行,这会让交易的双方产生对制度的信任。本书用三个构念来测量基于制度的信任:环境常态、制度依赖和制度保障。市场主体对制度结构的相信,包括法律、法规、担保、社会规则、合同承诺和事务处理程序等。例如,业主和承包商都相信建设法规、双方签订的合同、技术规范,在问题出现时,这些制度都能对自己有保护作用。环境常态就意味着双方交易的环境秩序是稳定的,对双方的交易是有利的[26]。在工程建设中,业主和承包商都认为环境是常态的,市场秩序是稳定的,是适合双方交易的。对于业主而言,他还相信在这样的交易环境和制度下,承包商是有能力的、善行的、诚实可信的。

1. 基于制度的信任与信任动机的关系

环境常态就是说社会环境处于有序、连续、相对稳定的状态,包括社会文化、风俗、法律法规、办事程序等。当人处于环境稳定的情境中时,他会感觉舒服,能够较快地对一个陌生人产生信任动机。相反,当人处于动荡、迷糊、非常规的环境中时,人们之间的信任就很难建立。环境常态还意味着在一定情境下自己和对方的角色、权利和义务处于稳定状态,双方都理解并且知道事情如何去做,行为有可预测性,在他们之间很容易产生信任动机。因此,可以推断,环境常态可以促进双方产生信任动机。

制度保障包括规则、保证担保和法律追索权。市场交易的双方在同一规则下进行交易会使交易、沟通、实施更加容易,使对方的行为具有可预测性。例如,在业主和承包商的交易中,双方都知道交易的规则,明白合同约定的内容,知道处理变更、索赔的程序,如果双方都遵守规则,将可能促进双方信任动机的产生。保证担保能够使人减少对风险的畏惧从而使双方产生信任动机。法律追索权(合同和承诺)对交易双方的信任动机有促进作用,主要表现在:一方面,对于施信者而言,由于合同和承诺的存在,他相信对方如果不遵守承诺就会受到法律的惩罚;另一方面,受信者由于畏惧法律的惩罚,他不会轻易放弃承诺。制度保障对初始信任影响更大,因为在初始信任阶段,施信方关于受信方个人的信息是非常不完整的,这时关于环境的信任就非常重要。可以推断,在初始信任阶段,制度保障信念会促进信任动机的产生。因此,提出以下假设。

假设 4a:在初始信任阶段,基于制度的信任对信任动机有正向作用。

2. 基于制度的信任与信任信念的关系

在成熟完善的市场交易制度下,交易双方都相信交易机制和交易规则能保障双方的利益,在对方不违反规则的情况下是值得信任的。例如,经过资格预审、综合评标选定的承包商,如果业主相信资格预审和评标的规则和程序是科学合理的,那么业主就有理由相信选择的承包商是有能力完成该项目的。

交易的双方都高度嵌入在所处情境的制度中,施信者对制度的信念将有助于产生信任信念。完全开放的市场,公平、平等的交易制度下,交易的双方将可能把对方看成是重视公平、平等交易的组织。同样,在环境常态的情境下,交易双方更有倾向认为对方的行为是常态的、可预测的。对制度保障和环境常态信仰的认知和信任信念的认知是一致的。在初始信任阶段,双方还没有关于对方的经验知识,认知的一致性就显得更加重要。因此,提出以下假设。

假设 4b:在初始信任阶段,基于制度的信任能够促进信任信念的产生。

4.3.5　信任动机

信任动机引发信任相关行为。信任动机意味着施信方非常愿意并且打算去依赖受信方。信任动机分为两个测量变量:愿意依赖(就是施信方愿意并且准备把自己的弱点暴露给受信方)和愿意支付。Currall 和 Judge 用施信方愿意与对方分享信息作为信任动机测量指标[133]。在工程交易中,如果业主信任承包商,愿意依赖承包商,就会相信承包商所提交的测量、质量、变更和索赔材料。愿意依赖包括施信方愿意相信受信方是诚信的、信守诺言的、愿意帮助自己的,并且在受信方遇到困难时愿意提供帮助;双方可以真诚、善意地沟通;遇到冲突和纠纷通过协商解决而不是诉诸法律途径。在工程建设中,业主信任的动机还包括愿意相信承包商的工作成果、愿意按时支付工程款。

4.3.6　假设汇总

根据理论分析,提出了本书所需要检验的假设,具体汇总如下。

假设 1a:在初始信任阶段,信任倾向对信任信念有正向影响。

假设 1b:在初始信任阶段,信任倾向对信任动机有正向影响。

假设 1c:在初始信任阶段,信任倾向对基于制度的信任产生正向的影响。

假设 2:在初始信任阶段,信任信念对信任动机有正向作用。

假设 3a:在初始信任阶段,越是正向的受信方特征(声誉和能力高),越易使施信方产生信任信念。

假设 3b:在初始信任阶段,越是正向的受信方特征(声誉和能力高),越易使施信方产生信任动机。

假设 3c:在初始信任阶段,越是正向的受信方特征(声誉和能力高),越易使施信方产生对制度的信任。

假设 4a:在初始信任阶段,基于制度的信任对信任动机有正向作用。

假设 4b:在初始信任阶段,基于制度的信任能够促进信任信念的产生。

以上通过理论分析和提出假设,使提出的初步研究模型得到了进一步深化,将信任倾向、信任信念、受信方特征、基于制度的信任、信任动机之间的所有假设进行综合,得出本书的理论模型,如图 4-2 所示。

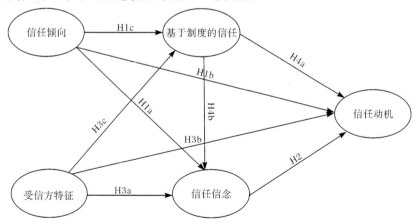

图 4-2　水利建设工程参与方初始信任产生模型

4.4　结构方程实证研究方法应用

4.4.1　结构方程模型简介

结构方程模型(structural equation modeling,SEM)是应用线性方程系统来表示观测指标与潜在变量之间关系的一种统计方法。

本书采用 AMOS7.0 软件来进行数据分析和模型检验。在 AMOS7.0 分析中,模型估计方法有五种,其中极大似然估计法为 AMOS 内定的模型估计法。对于 SEM 模型估计法的选择,Tabachnick 和 Fidell 认为选择恰当的估计技术与统计检验时同时考虑样本大小、正态性与独立性假定因素,若样本为中等数目或更大,且有明确的证据显示数据符合正态性与独立性的假定,最好选择极大似然估计法和广义最小二乘法[151]。

结构方程模型早期又被称为线性结构关系(linear structural relationships,LISREL)或称为工变数结构分析(coratiance structure analysis)。SEM 起源于 20世纪 20 年代遗传学者 Eswall Wrihgt 发明的路径分析,70 年代开始应用于心理学、社会学等领域,80 年代初与计量经济学密切相连,现在 SEM 技术已广泛运用到众多的学科。

结构方程模型是在已有的因果理论基础上,用与之相应的线性方程系统表示该因果理论的一种统计分析技术,其目的在于探索事物间的因果关系,并将这种关系用因果模式、路径图等形式加以表述。与传统的探索性因子分析不同,在结构方程模型中,可以提出一个特定的因子结构,并检验它是否吻合数据。另外,通过结构方程多组分析,还可以了解不同组别内各变量的关系是否保持不变,各因子的均值是否有显著差异。结构方程模型可以替代多重回归、通径分析、因子分析、协方差分析等方法。

结构方程模型没有严格的假定限制条件,允许自变量和因变量之间存在测量误差,同时可以分析潜在变量之间的结构关系,广泛应用于心理学、社会学、经济学和行为科学等领域。结构方程模型融合了因子分析和路径分析两个统计技术,相对于传统的回归分析具有如下优点。

(1) SEM 可同时考虑和处理多个因变量。在传统的回归分析或路径分析中,即使统计结果的图表中展示多个因变量,其实在计算回归系数或路径系数时,仍然是对每一因变量逐一计算。表面看来是在同时考虑多个因变量,但在计算对某一因变量的影响或关系时,其实都忽略了其他因变量的存在与影响。

(2) SEM 容许自变量及因变量含测量误差。例如,在心理学研究中,若将人们的态度、行为等作为变量进行测量,往往因含有误差而不能使用单一指标(题目),结构方程分析容许自变量和因变量均含有测量误差。可用多个指标(题目)对变量进行测量。

(3) SEM 容许同时估计因子结构和因子关系。要了解潜在变量之间的相关性,每个潜在变量都用多指标或题目测量,常用做法是先用因子分析计算机每一潜在变量(因子)与题目的关系(因子负荷),将得到的因子得分作为潜在变量的观测值,再计算因子得分的相关系数,将其作为潜在变量之间的相关性,这两步是同时进行的。即同时考虑因子与题目之间的关系及因子与因子之间的关系。

(4) SEM 可采用比传统方法更有弹性的测量模型。传统的因子分析难以处理一个指标从属于多个因子的情形,但 SEM 允许更加复杂的模型。

(5) SEM 可设计出潜在变量间的关系,并估计出拟合度。传统的路径分析只估计每一路径(变量之间关系)的强弱。在结构方程分析中,除上述参数估计外,还能计算不同模型对同一样本数据的整体拟合程度,并据此判断哪一个模型更接近数据所呈现的真实关系。

4.4.2　结构方程模型的模型构成

结构方程模型可分为测量模型(measure model)和结构模型(structural model)两部分。

1. 测量模型

测量模型由潜在变量(latent variable)与观察变量(observed variable,又称测量变量)组成。就数学定义而言,测量模型是一组观察变量的线性函数,观察变量有时又称为潜在变量的外显变量(manifest variables,也称显性变量)或者测量指标(measured indicators)或指标变量。所谓观察变量是量表或问卷等测量工具所得的数据,潜在变量是观察变量间所形成的特质或抽象概念,此特质或抽象概念无法直接测量,而要由观察变量测得的数据资料来反映。

测量模型在 SEM 的模型中就是一般所谓的验证性因子分析(confirmatory factor analysis,CFA),验证性因子分析的技术由于检验数个测量变量可以构成潜在变量的程度,验证性因子分析即检验测量模型中的观察变量 X 与潜在变量 ξ 之间的因果模型是否与观察数据契合。在 SEM 模型分子中的变量又可以分为外因变量(exogenous variables,或称外衍变量)与内因变量(endogenous variables,或称内衍变量)。外因变量是指在模型中未受任何其他变量的影响,但却直接影响别的变量,在路径分析图中相当于自变量(independent variable)。内因变量是指在模型中会受到任意一个变量影响的变量,在路径分析图中内因变量相当于依变量(dependent variable)。

　　就潜在变量之间的关系而言,某一个因变量对别的变量,可能又形成另一个外因变量,这个潜在变量不仅受到外因变量的影响(此时变量属性为依变量),同时也可能对其他变量产生影响(此时变量属性为自变量),此种同时具有外因变量与内因变量属性的变量,可称为中介变量(mediator)。

　　测量模型的回归方程式如下:

$$x = \Lambda_x \xi + \delta$$
$$y = \Lambda_y \eta + \varepsilon$$

x, y 是表示观测变量与潜变量η ,ξ 之间关系的方程组

$$\begin{bmatrix} x_1 \\ x_2 \\ x_3 \\ x_4 \end{bmatrix} = \begin{bmatrix} \lambda_{11} & 0 \\ \lambda_{21} & 0 \\ 0 & \lambda_{32} \\ 0 & \lambda_{42} \end{bmatrix} \begin{bmatrix} \xi_1 \\ \xi_2 \end{bmatrix} + \begin{bmatrix} \delta_1 \\ \delta_2 \\ \delta_3 \\ \delta_4 \end{bmatrix}$$

其中,x 是由外生(exogenous)指标组成的向量;y 是由内生(endogenous)指标组成的向量;Λ_x 为外生指标与外生潜变量之间的关系;Λ_y 为内生指标与内生潜变量之间的关系;δ 为外生指标 x 的误差项;ε 为内生指标 y 的误差项;η 为内因潜变量;ξ 为外因潜变量。

2. 结构模型

　　结构模型即潜在变量间因果关系模型的说明,作为因的潜在变量即称为外因潜在变量(或称潜在自变量、外衍潜在变量),以ξ 表示,作为果的潜在变量即称为内因潜在变量(或称潜在依变量、内衍潜在变量),以η 表示。外因潜在变量对内因潜在变量的解释变异会受到其他因素的影响,此影响变因称为干扰潜在变量,以ζ 表示,ζ 即结构模型中的干扰因素或残差值。结构模型又可称为因果模型、潜在变量模型(latent variable models)、线性结构关系(linear structural relationship)。在 SEM 分析模型中,只有测量模型而无结构模型的回归关系,即验证性因子分析;相反,只有结构模型而无测量模型,则潜在变量间因果关系探讨,相当于传统的路径分析(path analysis,或称径路分析),其中的差别在于结构模型探讨潜在变量之间的因果关系,而路径分析直接探讨观察变量之间的因果关系。结构方程模型所导出的每条方程式称为结构方程式,此方程式很像多元回归中的回归系数。

　　结构模型的回归方程如下

$$\eta = B\eta + \Gamma\xi + \zeta$$
$$\begin{bmatrix} \eta_1 \\ \eta_2 \end{bmatrix} = \begin{bmatrix} 0 & 0 \\ \beta_{21} & 0 \end{bmatrix} \begin{bmatrix} \eta_1 \\ \eta_2 \end{bmatrix} + \begin{bmatrix} \gamma_{11} & \gamma_{21} \\ 0 & 0 \end{bmatrix} \begin{bmatrix} \xi_1 \\ \xi_2 \end{bmatrix} + \begin{bmatrix} \zeta_1 \\ \zeta_2 \end{bmatrix}$$

结构方程是表示潜变量与潜变量之间关系的方程组。

式中，x 是由外生指标组成的向量；y 是由内生指标组成的向量；$\boldsymbol{\Lambda}_x$ 为外生指标与外生潜变量之间的关系；$\boldsymbol{\Lambda}_y$ 为内生指标与内生潜变量之间的关系；$\boldsymbol{\delta}$ 为外生指标 x 的误差项；$\boldsymbol{\varepsilon}$ 为内生指标 y 的误差项；$\boldsymbol{\eta}$ 为内因潜变量；$\boldsymbol{\xi}$ 为外因潜变量；$\boldsymbol{B}$ 为路径系数，表示内生潜变量之间的关系；$\boldsymbol{\Gamma}$ 为路径系数，表示外生潜变量对内生潜变量的影响；$\boldsymbol{\zeta}$ 为结构方程的残差项。

模型假设：

（1）测量方程误差项 $\boldsymbol{\varepsilon}$、$\boldsymbol{\delta}$ 的均值为零。

（2）结构方程残差项 $\boldsymbol{\zeta}$ 的均值为零。

（3）误差项 $\boldsymbol{\varepsilon}$、$\boldsymbol{\delta}$ 与因子 $\boldsymbol{\eta}$、$\boldsymbol{\xi}$ 之间不相关，$\boldsymbol{\varepsilon}$ 与 $\boldsymbol{\delta}$ 不相关。

（4）误差项 $\boldsymbol{\zeta}$ 与因子 $\boldsymbol{\xi}$、$\boldsymbol{\varepsilon}$、$\boldsymbol{\delta}$ 之间不相关。

结构方程模型是一种非常通用的、重要的线性统计建模技术。结构方程模型的基本思路：首先根据先前的理论和已有知识，经过推论和假设形成一个关于一组变量之间的相互关系模型，然后经过问卷调查，获得一组观测变量数据和基于此数据而形成的协方差矩阵，这种协方差矩阵称为样本矩阵。结构方程模型就是要将前面形成的假设模型与样本矩阵的拟合性进行验证，如果假设模型能拟合客观的样本数据，说明模型成立；否则就要修正，如果修正之后仍然不符合拟合指标的要求，就要否定假设模型。

在结构模型中，外因潜在变量之间可以是无关联的，也可以是彼此之间有关联的，而外因潜在变量对内因潜在变量之间的关系必须是单方向的箭头，前者必须是"因"变量，后者为"果"变量，此单向箭头不能颠倒。一个广义的结构方程模型，包括数个测量模型及一个结构模型。

在 SEM 模型中，研究者依据理论文献或经验法则建立潜在变量与潜在变量间的回归关系，也即确立潜在变量间的结构模型。同时，也要构建潜在变量与其测量指标间的反映关系，即建立各潜在变量与其观察指标间的测量模型[152]。在 SEM 分析中，由于涉及数个测量模型及一个结构模型，变量之间的关系较为复杂，变量间关系的建立要以坚强的理论为根据，模型界定时必须遵循简约原则（principle of parsimony）。在 SEM 分析中，同样一组变量的组合有许多种可能，不同的关系模型可能代表了特定的理论意义，若研究者可以用一个比较简单的模型来解释较多的实际观察数据的变化，那么，以这个模型来反映变量间的真实关系，相对不会得到错误的结论，从而避免犯下第一类型的错误[153]。

4.4.3　结构方程模型的建模过程

一般的结构方程模型分析大致可以分为两个阶段，共七个步骤。

1. 模型发展阶段

它包括以下三个步骤。

1) 模型构想

结构方程模型的出发点是为观察变量间假设的因果关系而建立起的具体的因果模型,也就是可以用路径图明确指定变量间的因果联系。但模型的建立必须以正确的理论为基础,否则无法正确解释变量关系。所以在进行结构方程的建模工作之前,应对所研究的具体问题有很深的理论理解,对所研究的问题中出现的各种变量间的关系应有比较明确的认识,这些都是结构方程模型建立的前期预备工作。

利用结构方程建模时,需要考虑假设模型的各种备选模型。结构方程模型可分为三大类:纯粹验证模型(strictly confirmatory,SC)、选择模型(alternative models,AM)和产生模型(model generating,MG)。

(1) 纯粹验证模型。在纯粹验证模型的应用中,只有一个模型是最合理和最符合所调查数据的。应用结构方程建模分析数据的目的,就是验证模型是否拟合样本数据,从而决定接受还是拒绝这个模型。这一类的分析并不太多,因为无论接受还是拒绝这个模型,从应用者的角度来说,还是希望有更好的选择。

(2) 选择模型。在选择模型分析中,结构方程模型应用者提出几个不同的可能模型(替代模型或竞争模型),然后根据各个模型对样本数据拟合的优劣情况来决定哪个模型是最可取的。这种类型的分析虽然较纯粹验证模型多,但从应用的情况来看,即使模型应用者得到了一个最可取的模型,仍然是要对模型作出修改,这样就成为了产生模型分析。

(3) 产生模型。结构方程模型的应用中,最常见的是产生模型分析(MG 类模型)。在这类分析中,模型应用者先提出一个或多个基本模型,然后检查这些模型是否拟合样本数据,基于理论或样本数据,分析找出模型拟合不好的部分,据此修改模型,并通过同一的样本数据或同类的其他样本数据检查修正模型的拟合程度。整个分析过程的目的就是要产生一个最佳的模型。

2) 模型设定

模型设定就是用线性方程系统表示出理论模型。模型的设定主要依据以下假设:一是线性模型可以体现观察数据特征的假设;二是观察指标与潜变量关系的假设;三是潜变量或观察指标作用方向及属性的假设。结构方程模型主要是一种实证性(confirmatory)技术,而不是一种探测性(exploratory)技术。这就是说,尽管结构方程模型分析中也涉及一些探测性的因素,但研究人员主要是应用结构方程模型来确定一个模型针对某个研究的问题是否合理,而并不是用来寻找和发现一种合适的模型。

因此,应用结构方程模型时都是从设定一个初始模型开始的,然后将这个模型应用于具体的样本数据,通过每次的计算结果及研究人员对研究这方面问题的相关知识和经验去验证模型关系设定的合理性,然后进行修改,直至得到一个最终的最合理的模型。模型的设定主要包括以下几个方面。

(1) 观测变量(指标,通常是题目)与潜变量(因子,通常是概念)之间的关系。

(2) 各个潜变量之间的关系(即指定哪些因子间有相关的或直接的效应)。

(3) 根据研究者对所研究问题所掌握的知识及经验,去限制因子负荷或因子相关系数等参数的数值或关系(例如,可以设定某两个因子间的相关系数等于0.43;某两个因子负荷必须相等)。

设定模型可以有不同的方法。最简单最直接的一种方法就是通过路径图将自己的模型描述出来。路径图使研究人员可以将设定的模型以直接明了的方式表达出来,并且可以直接转化为建模的方程。在设定建构模型时,需要指定观测变量(指标,通常以题目去表示)与潜变量(因子,潜变量通常是一种概念性的东西,并没有实际的东西与其相符)之间的关系,以及模型中各个潜变量之间的相互关系(也就是指定哪些因子间有相关或直接的效应)。在建立的一些复杂模型中,可以根据实际情况去估计设定或限定因子负荷或相关系数等参数的数值或关系。通过模型设定,就可以得到结构方程模型的两大组成方程即测量模型方程和结构模型方程。在模型设定以后,就可以通过各种计算方法去计算得到结构方程模型中的各个参数。

构建结构方程模型的方法根据估计技术来划分主要有两大类。一种是基于极大似然估计的协方差结构分析方法,该方法被称为"硬模型"(hard model),以LISREL方法为代表;另一种则是基于偏最小二乘法的分析方法,被称为"软模型"(soft model),以最小二乘法(partial least square,PLS)路径分析方法为代表。国内社会科学研究论文多数采用LISREL方法对 SEM 参数进行估计。

3) 模型识别

识别所指定的模型是建立结构方程模型的重要阶段,如果假设的模型本身不能识别,则无法得到系统各个自由参数的唯一估计值。在这里需要介绍以下几组概念。

(1) 可识别参数。

① 过度识别参数:一个未知参数可以由观测变量的方差协方差矩阵中多个元素的代数函数式来表示;

② 恰好识别参数:一个未知参数可以由观测变量的方差协方差矩阵中一个元素的代数函数式来表示;

③ 不可识别参数:一个未知参数不能用观测变量的方差协方差矩阵中任何元素的代数函数式来表示。

（2）可识别模型。

① 过度识别模型：模型中的每个参数都是可识别的，且至少有一个参数是过度识别的模型；

② 恰好识别模型：每个参数都是可识别的，且没有一个参数是过度识别的模型；

③ 不可识别模型：至少包含一个不能被识别参数的模型。

（3）递归模型。

所有变量之间的关系都是单向链条关系、无反馈作用的因果模型。非递归模型：变量之间具有多向因果关系的模型。

（4）饱和模型。

所有变量之间都有关系，即变量之间都由单向路径或表示相关的双箭头弧线相连接所组成的模型。

（5）非饱和模型。

并非所有变量之间都存在关系，即具有某些路径系数为零的模型。所有的递归模型都是可识别模型，所有的饱和模型都是恰好识别模型。LISREL 主要应用于过度识别模型。在过度识别模型中，自由参数的数目少于观测变量中方差和协方差的总数，而使拟合优度的计算成为可能；但对于恰好识别模型来说，拟合度的检验没有意义。

对于结构方程模型，并没有一套简单的充要条件来作为模型参数是否可以识别的手段。然而，有两个必要条件是应该必须加以检验的。

① 数据点的数目不能少于自由参数的数目；

② 必须为模型中的每个潜变量建立一个测量尺度，可以将潜变量的方差设定为 1，也就是说，将潜变量标准化了；另一个比较常用的方法，就是将潜变量的观测标志中的任何一个负载 λ 设定为一个常数，通常为 1。

当然，上面两个条件仅是必要的，而非充分的。所以即使上面两个条件得到满足，也还是可能产生模型的识别问题。

此外，当模型中设定的变量之间有循环或双向关系，以至于两个变量之间存在反馈圈（feedback loops）时，这一结构方程模型就是非递归的，也即迭代过程是非收敛的。这样的模型一般是不可识别的，除非还存在另外的变量影响这两个循环变量之中的一个（但不能同时影响两个），或存在另外的变量受这两个变量中的一个所影响（也不能同时受两个影响）。

2. 模型评估与评价阶段

1）模型数据抽样与测量

结构方程建模当然是研究人员就某个（或某方面的）具体的问题来进行的。

结构方程建模当然是在设定模型并确认模型是可识别的以后,研究人员根据设定的指标去抽样并测量数据,以作模型分析之用。

2) 模型参数估计

这个过程也称模型拟合(model fitting)或称模型估计(model estimating)。通常使用所谓的最小二乘法去拟合模型,相应的参数估计也就被称为最小二乘估计。这种传统的回归分析的目标就是求参数使得残差平方和最小。但是结构方程模型的参数估计过程中,不是追求尽量缩小样本每一项的拟合值与观测值之间的差异,从而使得残差平方和最小,而是追求尽量缩小样本的方差协方差值与模型估计的方差协方差值之间的差异,结构方程模型是从整体上来考虑模型的拟合优度的。

结构方程模型中,观测的方差协方差(observed variances/covariances)与估计的方差协方差(predicted variances/covariances)之间的差别作为残差。由于对这种差别有多种不同的定义方法,所以产生不同的模型拟合方法及相应的参数估计方法。在结构方程模型的著名软件 LISREL 中有七种模型估计的方法:工具变量(instrumental variable,IV)、两阶段最小二乘(two stage least squares,TSLS)、未加权最小二乘(unweighted least squares,ULS)、极大似然(maximum likelihood,ML)、广义最小二乘(generalized least squares,GLS)、一般加权最小二乘(generally weighted least squares,GWLS)、对角加权最小二乘(diagonally weighted least squares,DWLS)。其中,使用比较广泛的估计模型方法是极大似然估计法,其基本假设是观察数据都是从总体中抽取得到的,且所抽取的样本必须是所有可能样本中最可能被选择的,此时估计的参数才能反映总体水平。

参数估计的目标就是再生成一个观测变量的协方差矩阵 $\boldsymbol{\Sigma}(\theta)$,使之与样本协方差矩阵 $\boldsymbol{S}$ 尽可能地接近。当模型重建的协方差矩阵非常接近于观测的协方差矩阵时,残差矩阵各元素就接近于零,此时就可以认为模型与实际数据得到了充分拟合。要检验模型是否与数据拟合,需要比较 $\boldsymbol{\Sigma}(\theta)$ 和 $\boldsymbol{S}$ 的差异,这两个矩阵的差异,采用拟合指数表示。

根据有关研究,可以将拟合指数分为三大类:绝对指数、相对指数和简约指数。在绝对指数中较为常用的有近似误差均方根(root mean square error of approximation,RMSEA)、标准化残差均方根(standardized root mean square residual,SRMSR)、拟合优度指数(goodness of fit index,GFI)、调整的拟合优度指数(adjusted goodness of fit index,AGFI)等。相对来说,RMSEA 受样本量 N 的影响较小,是较好的绝对拟合指数。

评价模型与数据拟合程度的指标有很多,其中大多数指标都有各自的局限性,但是如果大部分指标都比较好,就可以说模型对数据有较高的拟合度。

3) 模型拟合度估计及模型的修改

模型拟合度估计就是把观察数据与统计模型相拟合,并用一定的拟合指标对其拟合程度加以判断。在进行模型拟合度估计时,不仅要看拟合指数是否合乎要求,还要看各个路径等参数的估计值在理论上是否合理、是否有实质意义。模型及模型拟合度的估计并不完全是统计问题。

即使一个模型拟合了数据,也并不意味着这个模型"正确"或"最优"。首先,所有的估计参数应该都能得到合理的解释。其次,如果简单模型的拟合与复杂模型的拟合一样好,那么就应该接受简单的模型。在用结构方程建模或用其他的方法建模时,建立一个简单而又明了的模型是建立模型的目标。所以,在用结构方程模型建立模型时,应尽量减少模型中的参数。

另外,当测试某一模型时,其实在研究自己所提的模型(哪些变项之间有关,哪些没有)是否与数据拟合。SEM 所输入的是指标变项的样本协方差矩阵(S)(注:虽然在一些 SEM 分析中,必须用协方差矩阵,但为方便了解,读者也可假设下述所有协方差矩阵为相关矩阵),而依指定先验模式,计算出一个最佳的衍生矩阵(E);E 与 S 接近,则表示建议的模型成立,若 E 与 S 差异大,则表示模型与数据不符;拟合优指数是用于反映 E 与 S 差异的一个总指标。用以表达数据与模型吻合程度的指数料多,为简便起见,在下面只用 CFI,当指数越接近 1,吻合越好;指数越小,则表示吻合越差。

例如,有 A、B、C、D、E、F 六个潜伏变项,建议的模型:A、B 是有相关,而 A、B 引起 C、D;C、D 则导致 E、F。假设 S 是所有指标变项(构成 A、B、C、D、E、F 的所有指标)的协方差矩阵,而 E 则是 LESREL 依上述模型估计出的最佳衍生矩阵;若拟合优指数高则表示 E 与 S 差异甚小,反之,则 E 与 S 差异甚大。

在结构方程模型的建模中,模型的修改是不可缺少的。要修改一个拟合不好的模型,可以改变其测量模型,增加新的结构参数,或者设定某些误差项相关,或者限制某些结构参数。在模型的修改设定时一定要注意,对模型的任何修改都应该是基于理论事实的,而不是盲目地追求模型对于数据的拟合效果。在结构方程模型中,可以通过检查测量方程和结构方程的平方复相关系数来得到方程的解释能力的强弱。如果这个平方复相关系数太低,则测量方程的解释能力不强;就结构方程来说,则表明所用的自变量预测因变量的能力不强。

4) 模型的评价

模型的评价即在已有的证据和理论范围内,考察所提出的模型是否能最充分地对观察数据作出解释。一般而言,在评价所建立的结构方程模型时,应先检查这个结构方程模型中的测量方程的拟合程度,只有在测量方程拟合程度很好的条件下,再检查结构方程直至整个结构方程模型的拟合效果才是合理的。具体来说,可以从以下几个方面着手。

模型评价是模型建构的一个重要环节,它比单纯地确定模型与数据的拟合程度更为复杂,因为模型评价需要表明在现有证据和知识限度内,所提出的模型是否是数据最好的或信息量最大的解释。这就要求把结构方程分析置于一个更广泛的证据和理论之中,同时还要讨论模型的现实可能性,并进行参数估计。判断结构方程模型的应用是否成功,或者说因果模式是否得到了验证,一般可以采用以下判断标准。

(1) 对变异的解释。

判断回归分析成功与否的传统标准是看被解释变量中的变异比例。这个标准可用于估计因果模式的应用成功与否。但在使用时要注意几个问题:第一,用哪个被解释的变量去检验? 第二,研究的设计因素对变量变异的解释可能有影响。例如,在相同条件下,希望对变量的变异能解释更多,这意味着预测的变异通常只能比较具有相同设计的两个研究。但用所解释的变异设置标准去判断因果模式的有效性是不可能的。

(2) 系数的显著性或大小。

因果模式可用于不同的预测,假设某个自变量能解释特定的干预变量,且所选的自变量和干预变量在因变量中会引起变异。由这些预测就能够通过考察数据中的预测指标对模型作出评价。因此,当研究者预测的关系在分析图中反映为显著的路径时,就说该模式被“验证”了。此外,当路径系数大于某一特定标准时,研究者也判断该模型已被“验证”。当然,这两种程序都有其不足。

第一个程序要求研究者把统计显著性的概念具体化。统计显著性反映了样本大小和作用大小。因此,两个研究对同一个因果模式可能得出不同的结论,因为它们涉及的样本大小不同。另外,在同一个回归方程中,回归系数的计算误差可能很大。因此,两个变量作用的大小虽相同,但一个达到显著,而另一个则不显著。

第二个程序要求研究者把随机产生的影响认为是合理的。此外,两个标准把对系数实际大小的注意转向影响作用的大小,而多数路径图对影响作用的强弱没有加以区分(实际上,对这二者进行区分是很容易的,如把影响作用强的路径加粗,但研究者很少这么做)。尽管存在这些问题,但希望模式能做的另一件事情是对它们给予不同的预测。评价回归系数的统计显著性,是检验模式“验证”的一种适当方法,但这个标准相对独立于变异的解释标准。某个标准可能解释了主要的变异,却错误预测了有效的变量。相反,某个标准也可能预测了适当的变量,但仍然只有很弱的共同效应。

(3) 相对效果大小。

有些因果模式预测了各种效果的相对大小(例如,研究者预测,智力比社会地位对学业成绩的影响更大,并且他把这个预测纳入因果模式)。通过判断回归系数差异的相对大小或统计显著性,就可以对这个预测作出评价。如果差异支持了因果模式,就可以说这个模式被"验证"。但是,判断回归系数的相对大小也是评价因果模式的一种有效方法,这条标准也相对独立于已讨论过的标准。

(4) 路径的"捕获"。

当研究者考虑因果模式具有干预变量时,会产生另一种判断成功的标准。如果假设干预变量居于自变量和因变量中间并可解释二者间的关系,那就预期干预变量"捕获"了大多数连接自变量与因变量的路径。如果模式是成功的,研究者选择了适当的干预变量并确定了正确的因果路径,则分析中几乎没有残差或者根本没有残差,而且自变量与因变量之间也几乎没有直接路径或根本没有直接路径。相反,如果研究者发现了残差和直接路径,可能表明该模式并没有包括重要的干预变量。

(5) 拟合量数。

如果因果模式的任何部分确实与数据不相拟合,就不能"验证"该模式。但"验证"了一个因果模式,并不意味着其他模式就不能被"验证"。此外,对于其中只能解释很小变异的模式,可能会发现它不显著。当这个模式被"验证"时,这并不表示模式中特定的、预期的作用达到了统计显著。简而言之,这个标准有且是独立的。

(6) 干扰的协方差。

如果所有这些协方差都没有达到统计显著,模式代表所有的重变量。相反,如果发现有些"干扰"显著地变,就应该假设把其他重要变量纳入该模式。因此,当一个模式干扰条件的协方差不显时,也可认为这个模式得到了"验证"。这标准也相对独立。

(7) 样本比较。

最后,可把因果模式用于新的数据,继续对其作出评价。对于大样本可以把数据分成两个子样本,一个在于形成因果模式,一个在于验证已形成的因果模式。同样为达比较的目的,研究者也可把源于一个总体的因果模式用于另一个在社会地位、道德、民族或其他背景上完全不同的总体,这类评价通常只"验证"该因果模式的某些方面,不能"验证"模式的其他方面。

4.4.4　应用结构方程模型须注意的若干问题

结构方程模型的一个重要特性是理论的先验性,通常进行的是实证性研究(confirmatory study)。如果无任何理论依据和实际工作基础就直接构建模型,这种模型除了提供统计学的结论外,无任何实际意义。因此,SEM 分析首先以理论为基础构建模型,此处的理论并非 SEM 模型的统计理论,而是强调 SEM 模型是建立在一定构念之上,提出一套有待检验的假设模型。另外两个过程——模型设定与模型识别,也是基于理论的推演,将 SEM 模型的理论假设转换成适当的技术语言,如 LISREL。只有遵循 SEM 的分析理论,才能更合理正确地应用结构方程模型。

1. SEM 模型的前提假定

结构方程模型要求数据满足相关的前提假定,才能获得良好的估计量,如极大似然法估计结构方程模型,要求观测变量为多元正态、大样本、正确的模型指定以及观测变量表示为潜变量的线性函数等。欲建立恰当的模型,得到有效的结论,必须根据数据选择合适的模型估计方法,正确计算模型拟合优度检验统计量和参数的标准误。

1) 样本含量的要求

在采用结构方程模型分析时,为获得稳定可靠、有意义的结果和准确的参数估计值,需要有较大的样本保证。其原因在于:①SEM 的估计方法采取渐近理论来估计参数;②要使所估参数能够满足一致性以及正态分布的假定,样本必须足够大;③小样本时,模型拟合检验统计量偏离卡方分布;④随着样本量的增大,协方差估计的准确性增强,使得 SEM 分析能够得到可靠的结果。样本量必须达到一定水平,各种拟合指标、分布、检验及其功效才有意义,才能对模型进行合理的评价。

样本具体要多大尚无统一规定,确定研究的样本量,一般须考虑样本代表性、模型估计和模型评价三个方面的需要。有学者建议样本例数与模型中需要估计的参数比例最小应达到 5∶1,如果数据偏离正态应达 10∶1,且随着所选用的估计方法和数据条件发生变化。

2) 数据的分布

SEM 分析时一般要求数据服从多元正态分布,当违反正态分布的假定时,SEM 分析结果应受质疑,因此,撰写研究论文时,应给出数据的分布特征与假设检验结果。尤其在研究者以矩阵数据作为输入数据时,由于缺乏各变量的原始数据,无法判断数据的分布特征,更需说明分布类型是正态分布或多变量正态分布。对于连续性潜变量的结构方程模型,如果观测变量不服从多元正态分布,甚至单变量不满足正态分布,按照 SEM 的线性假定,潜变量也不服从正态分布。

实际工作中,采用结构方程模型估计这类数据时,仍有很多研究者采用了基于正态分布理论的估计方法获得模型检验统计量和参数标准误,并对模型及其参数进行假设检验。采用极大似然估计法对模型总体拟合优度评价的卡方检验统计量偏高,而对于参数估计值进行假设检验的标准误则偏低。这就意味着当数据违背分布假定时,研究者更有可能拒绝实际上构建很好的模型,或者认为个别估计参数不是零,增大了统计学推断的Ⅰ型错误。

非正态数据可采用四种方法来处理:①变量转换,采用变量转换后对估计参数的解释按照新的测度进行,得到的因子载荷不再是原非正态观测变量的因子载荷,故一般不建议使用转换后的变量进行研究;②使用经过调整的基于正态理论的模型检验统计量和参数标准误,如 S-B 调整方法;③使用任意分布估计方法,如渐近任意分布估计方法;④自助抽样方法。

3) 非线性与交互效应情况

尽管在实际应用与研究中,线性模型一直是其研究热点,但研究者发现在许多研究情况下,潜变量并不是线性关系,存在非线性关系,线性模型并不能完全解释这些数据。这些潜变量的非线性关系不能通过实验设计有效控制,因此有必要把传统的线性结构方程模型扩展到更加复杂关系的模型——非线性的结构方程模型。

目前,非线性(含交互项)的结构方程模型仍是一个热点研究问题。非线性效应模型包括曲线型效应模型和交互效应模型,其中潜变量交互效应的分析可大致分为两类:全信息方法和有限信息方法。全信息方法是估计方程的参数时能用模型包含的所有结构方程,并估计出每个方程中的参数;有限信息方法是一次建立一个结构方程并估计这个方程的有关参数。

2. 矩阵数据的应用

SEM 分析最好使用方差协方差矩阵,而非相关系数矩阵。有人认为相关系数是标准化的系数,数据介于 -1 与 1 之间,越接近 0 表示关系微弱,越接近 -1 或 1 表示线性关系越明显,相关系数可以提供较为清楚的变量关系的描述。甚至误以为经过标准化的相关系数输入 SEM 分析软件后,会有利于标准化参数的估计。相关系数是将协方差除以标准差所获得,一组变量的协方差矩阵中,不仅可以计算出方差、协方差,还可以计算出相关系数。

但利用相关系数矩阵来进行 SEM 分析,无法导出协方差的数据,除非另行提供给 LISREL 各变量的标准差。也就是说,方差协方差矩阵能够涵盖相关系数矩阵,最重要的是能够导出 SEM 分析所需的各种重要数据。利用协方差阵作为输入数据时,还应附上矩阵数据以便考察。除了矩阵资料之外,SEM 分析也可以直接读取原始资料来进行分析。如果进一步进行均值结构或多重比较,尚需提供均数与标准差。

3. 模型整体评价标准的选择

得到参数的估计值意味着得到一个特定的理论模型。要知道这个特定的模型拟合实际数据的程度就涉及模型评价问题,至少需要进行两方面的评价:①检验模型中的参数是否具有统计学意义;②模型整体拟合程度的评价。其中,对模型整体拟合效果的评价指标主要是拟合指数,拟合指数有很多,每个指标的计算及意义不尽相同。

绝大多数的拟合指数是基于拟合函数计算出来的。其中 χ^2 值是反映模型与数据拟合程度最直接的指标,χ^2 值越大,模型与数据拟合越不好。但 χ^2 值容易受到样本含量影响,即在 N 较大时,χ^2 值也很大;N 较小时,χ^2 值则很小。因此,许多学者先后提出了几十个拟合指数。这些拟合指数大致可以分为绝对拟合指数(absolute index)、相对拟合指数(comparative index)、信息标准指数(information criteria index)、节俭拟合指数(parsimony index)[154]。

一个比较理想的拟合指数应该具有这样的特点:①不受样本含量的影响;②惩罚复杂模型(自由参数较多的模型);③对误设模型敏感。

4. 等同性分析

随着结构方程模型技术的广泛使用,测量理论用以对复杂的因素构建进行证实性的研究。在跨文化研究、分组比较均值结构(means structure)等应用中,即使一个测量被证明有良好的信度与效度,并不能说明这些测量与其所测得的潜在因素在不同的受试对象上具有相同的意义。因此,须事先进行测量的等同性(measurement invariance)检验,提供研究者因素构建、因子载荷、误差估计在不同样本间的等同性或歧义性。

所谓等同性是指同一测量施于不同的对象或在不同时间地点上使用时,测量分数应具有一定的恒定性,即当研究者利用一组测量题目测得一个心理概念并应用于组间比较,研究者必须假设项目分数与尺度对不同的受试对象具有相同的意义。

5. SEM 结果报告

当由模型的评价指标获得一个适合的模型之后,研究者应从该模型估计出的最终结果中整理出各参数的数据。结果报告应该尽可能充分翔实,使读者可以清楚地看出每一个参数的意义。SEM 结果报告包括三个重要方面:参数的合理性、假设检验、标准化解。参数的合理性反映该参数是否符合数学或统计学理论上的可能性,或是实证资料的可能性。

标准化解则是将所有参数估计的结果以标准化的方式来呈现。标准化解有两种形式:完全标准化解(completely standardized solutions)与标准化解(standardized solutions)。标准化解是将潜变量有关的结果进行标准化,但是测量变量的得分则无标准化;因此,测量变量有关参数估计的标准化解可能超出 -1 到 1 的范围;LISREL 另外提供完全标准化解,观测变量与潜变量有关的参数估计结果都经过标准化。习惯上,研究结果报告完全标准化解,此时系数值限定于－1～1 使研究者易于理解。

结构方程模型作为一种解决复杂问题的复杂统计技术,在实际应用中有人对之望而却步,也有人在滥用误用。应用结构方程模型要严格遵循其理论规范,依照分析流程,合理应用。以上只是对结构方程模型的一些重要环节进行了介绍,其他诸如原始数据异常值的判定、模型修正时的专业指导等问题在实际应用中也需注意。

6. SEM 具体操作步骤

黄芳铭指出结构方程建模可以有很多种方法,但却都具有非常相似的基本分析步骤[152]。结构方程模型建模可以分为以下七步。

第一步:理论基础。从本质上说,结构方程建模是一种验证性因子分析,因此结构模型中变量间关系的提出,需要具备相应的理论支持,而且理论也是假设模式成立的主要解释依据。因此,理论基础的选择是 SEM 分析的第一步。

第二步:模型设定。根据理论和已有研究成果来设定相关假设的初始理论模型,根据理论模型中的假设来构建一个因果关系路径图,再将路径图转换成结构方程和测量方程。

第三步:选择测量项目与资料搜集。根据所设定的模型选择适用于模型潜变量的可测变量,编制量表,发放问卷,并进行数据收集。

第四步:模型估计。根据所收集的数据对模型中的相关参数进行估计。参数估计的方法有两阶段最小二乘法、未加权最小二乘法、极大似然估计法、广义最小二乘法、一般加权最小二乘法和对角加权最小二乘法。常用的模型估计方法是极大似然估计法和广义最小二乘法。

第五步:模型评价。检验理论假设模型与所搜集数据的匹配程度。一般说,模型的评价包括整体模型的检验、测量模型的检验和结构模型的检验。

第六步:模型修正。若模型不能很好地拟合数据,则需要对模型进行修正和重新设定。也就是需要决定如何删除、增加或修改模型的参数,通过模型的再设定可增进模型的拟合程度。在实际应用中,研究者通常根据一些统计分析结果,如误差、模型修正指数,进行放宽、固定或改动模型,使模型更加拟合数据。如果理论允许,这个过程可以重复,直到模型达到可接受的程度。

第七步:对模型的检验结果进行解释。根据模型检验和数据分析的结果,对其进行合理的解释,并说明其理论和实际意义。

本书采用 AMOS7.0 软件来进行数据分析和模型检验。AMOS7.0 是一个基于方差矩阵结构的潜变量对结构模型进行估计的软件包,是一种功能较为齐全的统计分析工具,在估计一组线性结构方程的未知系数、检验含有潜变量的模型、测量自变量对因变量的直接和间接影响等方面具有较强优势,并可以实现路径分析、协方差结构分析以及回归分析等多方面的功能。这种方法适用于存在潜变量的模型,用于说明它们之间的关系,同时验证模型的收敛性。

4.4.5 评估指标的确定

1. 模型内在结构适配度

(1) Cronbach's alpha。信度(reliability)就是所设计量表可靠性或稳定性的指标,检验信度的常用方法为 Cronbach 所创的 α 系数。α 系数为 $0\sim1$,DeVellis 提出标准:α 系数为 $0.60\sim0.65$ 最好不要;α 系数为 $0.65\sim0.70$ 为最小可接受值;α 系数为 $0.70\sim0.80$ 相当好;α 系数为 $0.80\sim0.90$ 非常好[155]。

(2) 个别观察变量的项目信度(individual item reliability)。个别观察变量的项目信度要大于 0.5,个别潜在变量的信度值(标准化系数的平方)应大于 0.5,或者标准化系数必须等于或大于 0.71。

(3) 潜在变量的组合信度(composite reliability,CR)。CR 越高,测量指标间内在关联性就越强;CR 越低,测量指标之间内在关联性就越低,测量指标之间的一致性就不好。Kline 认为组合信度系数值在 0.9 以上是最佳的;0.8 附近是非常好的;0.7 附近则是适中的;0.5 以上是最小可接受的范围,若信度低于 0.5,则最好不接受[156]。

(4) 潜在变量的平均方差抽取量(average variance extracted,AVE)。AVE 表示相对于测量误差变异量的大小,潜在变量构念所能解释指标变量变异量的程度,当 AVE>0.5 时,该潜在变量具有良好的信度和效度。

2. 模型拟合程度判断

结构方程模型评价的核心就是模型的拟合程度,结构方程模型提供了多种不同的模型拟合程度评价指标:卡方自由度比 χ^2/df、残差均方和平方根(root mean residual,RMR)近似误差均方根、拟合优度指数、修正的拟合优度指数、比较拟合指数(comparative fit index,CFI)。χ^2/df 越小越好,但一般小于 3 为宜。当 GFI、AGFI、NFI、CFI 这几项指标的值达到 0.9 时,通常认为该模型具有较好的拟合效果,在 $0.8\sim0.9$ 时,认为该模型的拟合效果是可以接受的。RMSEA低于 0.05表示非常好的拟合,低于 0.08 表示拟合效果可以接受,各个评价指标如表 4-1所示。

表 4-1　拟合优度指标判别标准

拟合优度指标	优良拟合标准	有效拟合标准
χ^2/df	≤3.0	≤5.0
RMR	—	<0.05
GFI	≥0.9	>0.8
AGFI	≥0.9	>0.8
PGFI	>0.6	>0.5
CFI	≥0.9	>0.8
RMSEA	≤0.05	≤0.08

4.5　数据收集与处理

4.5.1　测量量表设计

1. 信任倾向

根据 McKnight 等的研究成果,用对人性的信任和信任的姿态来测量信任倾向[134]。人性的信任分为对诚信的信任倾向、对能力的信任倾向和对善行的信任倾向。信任的姿态就是不管别人是否愿意相信对方,他都愿意相信对方是正直的、可依赖的,并且相信和对方合作能够带来好的结果[157]。

信任倾向按表 4-2 测量。

表 4-2　信任倾向测量量表

测量变量	项目标号	项目内容	来源
善行信任倾向	1-1	一般情况下,人会真心关注他人的福祉	
	1-2	大多数人都会去帮助别人,而不是袖手旁观	
诚信信任倾向	1-3	一般来说,人都会信守承诺	
	1-4	认为一般人都会言行一致	
	1-5	大多数人是诚实对待他人	
能力信任倾向	1-6	相信大多数专业人员都能做好自己的工作	McKnight 等[134,157]
	1-7	大多数人所做工作都是自己擅长的	
	1-8	大多数人在自己本专业上的专业知识是丰富的	
信任姿态	1-9	通常信任人,直到他们给一个不去信任他们的理由	
	1-10	当第一次见到别人,通常给人以最大的善意,认为他们是值得信任的	
	1-11	总是信任新相识的人,直到他们做出背弃信义的事为止	

2. 信任信念

本书把信任信念分为三个测量指标：能力信念（有能力完成合同中的任务，能够满足施信方所需）、善行信念（受信方对施信方的利益关注，并且有动机去完成受信方所需）、诚实信念（受信方忠诚，能够信守诺言）[132,138,139]。McKnight等[134,157]结合水利工程建设特点，对信任信念的测量量表如表 4-3 所示。

表 4-3　信任信念测量量表

测量变量	项目标号	项目内容	来源
善行信念	2-1	相信现在合作的承包商比较关注我的利益	
	2-2	当遇到困难时，相信目前合作的承包商能够尽其所能帮助我	
	2-3	当工程遇到难题和困难时，承包商最先想到的是工程的顺利实施	
	2-4	对方为了自身利益会隐瞒对我方有利的信息	
	2-5	我方为对方付出时，对方能给予回报	
诚实信念	2-6	该承包商在无须监督的情况下，能自动实现其诺言	McKnight 等[134,157]、Riker[135]
	2-7	该承包商的言行一致，其行为可以预测	
	2-8	相信该承包商会遵守契约	
	2-9	相信承包商提供的证明自己能力的材料（包括业绩证明、财务能力和人员安排）	
能力信念	2-10	承包商是有能力的，并且工作有成效	
	2-11	承包商是有能力的，并且精通该工程特殊的施工工艺	
	2-12	承包商对该工程的施工经验是很丰富的	
	2-13	相信该承包商的工程和技术人员是有能力的	
	2-14	相信承包商都能明白合同中约定的权利和义务	

3. 受信方特征

在水利工程建设中，在初始信任阶段，用受信方声誉和能力来测量受信方特征。从已有文献来看，在建设工程项目领域很少有对声誉进行测量的研究。在建筑业中，业主占据着主导地位，并对承包商常有不公平的合同要求[18]。所以，业主方的公正对合作伙伴的关系十分重要。但事物都是相互的，业主如果不能公正地对待承包商，承包商也不会诚实地对待业主，这一点在项目现场访谈中得到了证实。Doney 和 Canon 对供应商声誉的测量具有一般性，可以借鉴过来测量工程项目中受信方的声誉[158]。

　　在已有文献中,对承包商能力的测量多反映在招标阶段业主对承包商的选择上。这种类型的测量项目可以借鉴,因为选择并确定承包商,本身就是信任的开始。在 Hatush 和 Skitmore[159]、Palaneeswaran 和 Kumaraswamy[160]、Cheng 和 Li[161]、Singh 和 Tiong[162] 的研究中,选择承包商的指标大同小异,包括承包商过去的经历、财务能力、资源、技术和管理能力、安全和健康记录等。本书借鉴这些指标来设计承包商能力的测量条款。

　　借鉴已有研究和现场访谈结果,受信方特征测量项目如表 4-4 所示。

表 4-4　受信方特征测量量表

测量变量	项目标号	项目内容	来源
声誉	3-1	该承包商在行业中诚信水平良好	Cheng 和 Li[161]、Singh 和 Tong[162]
	3-2	该承包商得到多数合作单位的认可	
	3-3	该承包商关心合作伙伴的利益	
	3-4	在合作之前和该承包商有比较好的私人关系	
能力	3-5	该承包商有承担类似项目的经历	
	3-6	该承包商在财务上具有稳定性	
	3-7	该承包商的人力物力资源充足	
	3-8	该承包商的技术和管理能力优异	

4. 基于制度的信任

　　本书用三个构念来测量基于制度的信任:环境常态、制度依赖和制度保障。就是市场主体对制度结构的相信,包括法律、法规、担保、社会规则、合同承诺和事务处理程序等。环境常态主要是在工程建设时期,市场环境、政策环境不会发生大的突变;制度依赖主要是在制度约束下,相信承包商的资质、能力和历史经历;制度保障主要是法律、法规、工程交易机能够保障交易双方的利益。根据 McKnight 等[134]和 McKnight 等[157]的研究,以及水利工程建设特点、现场访谈结果,得出基于制度的信任测量量表如表 4-5 所示。

表 4-5　基于制度的信任测量量表

测量变量	项目标号	项目内容	来源
环境常态	4-1	目前水利工程建设市场是稳定的	McKnight 等[134,157]、Riker[135]
	4-2	水利工程建设市场的法律法规近期不会发生大的变化	
	4-3	工程交易制度不会发生大的变化	

测量变量	项目标号	项目内容	来源
制度依赖	4-4	相信有相应资质的承包商就有相应的能力完成工程	McKnight 等[134,157]、 Riker[135]
	4-5	承包商提供的担保可信	
	4-6	合同可以保障双方利益	
	4-7	经招标选择的承包商是能够胜任工作的	
	4-8	鉴于该承包商的历史记录,没有理由怀疑他们的能力	
制度保障	4-9	目前建设市场的法律完善足够保障我在工程交易中的利益	
	4-10	目前的水利工程合同足够保障工程的顺利建设	
	4-11	水利工程建设各种技术能够保障工程的质量和安全	
	4-12	相信该承包商的违约成本是很高的	

5. 信任动机

信任动机意味着施信方非常愿意并且打算去依赖受信方。信任动机分为两个测量变量:愿意依赖(施信方愿意并且准备把自己的弱点暴露给受信方)和愿意支付。

愿意依赖包括施信方愿意相信受信方是诚信的、信守诺言的、愿意帮助自己的,并且在受信方遇到困难时愿意提供帮助;双方可以真诚、善意地沟通;遇到冲突和纠纷通过协商解决而不是诉诸法律途径。在工程建设中,业主信任的动机还包括愿意相信承包商的工作成果、愿意按时支付工程款。根据文献[134]、[157],以及水利工程建设特点、现场访谈结果,得出信任动机的测量量表如表 4-6 所示。

表 4-6　信任动机测量量表

测量变量	项目标号	项目内容	来源
愿意依赖	5-1	相信承包商的工程建设质量,减少质量监控工作	McKnight 等[134,157]、 和 Riker[135]
	5-2	相信承包商提供的人员能够按时按人到场	
	5-3	当工程遇到困难时,相信承包商能够以工程成功为目标选择自己的行为	
	5-4	相信承包商提交的变更索赔申请	
	5-5	当承包商财务有困难时,愿意提供帮助	
	5-6	愿意和承包商进行真诚、善意的沟通	
	5-7	纠纷通过协商解决	
愿意支付	5-8	按合同条款按时给承包商支付工程款	
	5-9	对承包商提出的变更和索赔及时支付	

4.5.2　预试问卷编制

本书采用李克特式量表(Likert-type scale)法编制量表。大多数情况下,5 点量表是最可靠的,正好可以表示温和意见和强烈意见之间的区别。

预试问卷编拟完后,应实施预试,对问卷量表进行项目分析和因素分析。

采用 SurveyMonkey 发放问卷,各个题项答案自动生成编码,调查结束之后可以直接从网站上下载到 Excel 和 SPSS 的数据表格,这为数据处理节省了不少时间。

4.5.3　小样本数据检验

1. 预设问卷发放与回收

以水利工程业主方的工程管理人员为对象,2013 年 10 月 10 日~2013 年 11 月 30 日,针对水利工程业主单位发放了 100 份问卷,回收 90 份,有效问卷 79 份,有效回收率为 79%。

2. 预试样本数据描述

对预设问卷的小样本数据统计分析如表 4-7 所示。

表 4-7　预试样本数据描述

项目	分类	比例/%
职位状况	公司管理层	23
	现场经理	41
	现场管理人员	36
从业经历	5 年以下	15
	5~10 年	42
	10~15 年	13
	15~20 年	20
	20 年以上	10

23%的回答者来自公司管理层,而项目经理和现场管理人员分别占 41%和 36%;5 年以下从业经验者占 15%,5~10 年从业经验者占 42%,10~15 年从业经验者占到了 13%,15 年以上从业经验者达到了 30%。

3. 预设样本项目分析和信度分析

(1) 信任倾向。对信任倾向量表各题目进行项目分析,考量各题目 CR 值、相关系数,其中 1-7、1-9 两题的两项指标都明显偏低,与专家学者讨论后决定予以删除，删题后量表的 Cronbach's alpha(α)值为 0.845，总解释量为81.1%，具有良好信度，项目分析详细结果如表 4-8 所示。

表 4-8　预设样本项目分析表（信任倾向量表）

变量	项目标号	问卷题项	CR 值	相关系数
善行信任倾向	1-1	一般情况下，人会真心关注他人的福祉	-3.93^*	0.41
	1-2	大多数人都会去帮助别人，而不是袖手旁观	-3.54^*	0.63
诚信信任倾向	1-3	一般来说，人都会信守承诺	-5.81^*	0.56
	1-4	认为一般人都会言行一致	-2.29^*	0.29
	1-5	大多数人是诚实对待他人	-4.12^*	0.31
能力信任倾向	1-6	相信大多数专业人员都能做好自己的工作	-4.27^*	0.44
	1-7	大多数人所做工作都是自己擅长的	-1.10	0.18
	1-8	大多数人在自己本专业上的专业知识是丰富的	-4.34^*	0.45
信任姿态	1-9	通常信任人，直到他们给一个不去信任他们的理由	-1.60	0.10
	1-10	当第一次见到别人，通常给人以最大的善意，认为他们是值得信任的	-2.20^*	0.44
	1-11	总是信任新相识的人，直到他们做出背弃信义的事为止	-2.25^*	0.14

$* \ P < 0.05$。

　　（2）信任信念。将信任信念量表各题目进行项目分析，考量各题目 CR 值、相关系数，其中 2-2、2-10 两题的两项指标都明显偏低，与专家学者讨论后决定予以删除，删题后量表的 Cronbach's alpha(α)值为 0.857，总解释量为 73.6%，具有良好信度，项目分析详细结果如表 4-9 所示。

表 4-9　预设样本项目分析表（信任信念量表）

变量	项目标号	问卷题项	CR 值	相关系数
善行信念	2-1	相信现在合作的承包商比较关注我的利益	-2.10^*	0.18
	2-2	当遇到困难时，相信承包商能够尽其所能帮助我	-1.04	0.11
	2-3	当工程遇到难题和困难时，承包商最先想到的是工程的顺利实施	-2.60^*	0.56
	2-4	对方为了自身利益会隐瞒对我方有利的信息	-2.20^*	0.44
	2-5	我方为对方付出时，对方能有回报	-2.25^*	0.34
诚实信念	2-6	该承包商在无须监督的情况下，能自动实现其诺言	-3.72^*	0.45
	2-7	该承包商的言行一致，其行为可以预测	-3.26^*	0.59
	2-8	相信该承包商会遵守契约	-3.57^*	0.58
	2-9	相信承包商提供的证明自己能力的材料（包括业绩证明、财务能力和人员安排）	-3.72^*	0.49

续表

变量	项目标号	问卷题项	CR 值	相关系数
	2-10	承包商是有能力的,并且工作有成效	−1.72	0.21
	2-11	承包商是有能力的,并且精通该工程特殊的施工工艺	−0.32*	0.49
能力信念	2-12	承包商对该工程的施工经验是很丰富的	−3.23*	0.44
	2-13	相信该承包商的工程和技术人员是有能力的	−3.81*	0.40
	2-14	相信承包商都能明白合同中约定的权利和义务	−3.18*	0.45

*$P<0.05$。

（3）受信方特征。本书对受信方特征量表各题目进行项目分析,考量各题目 CR 值、相关系数及因素负荷量,与专家学者讨论后决定保留全部题目,量表的 Cronbach's alpha(α)值为 0.926,总解释量 78.5%,具有良好信度,项目分析详细结果如表 4-10 所示。

表 4-10　预设样本项目分析表（受信方特征量表）

变量	项目标号	问卷题项	CR 值	相关系数
	3-1	该承包商在行业中诚信水平良好	−6.63*	0.62
声誉	3-2	该承包商得到多数合作单位的认可	−7.01*	0.79
	3-3	该承包商关心合作伙伴的利益	−5.40*	0.50
	3-4	在合作之前和该承包商有比较好的私人关系	−10.12*	0.80
	3-5	该承包商有承担类似项目的经历	−5.89*	0.65
能力	3-6	该承包商在财务上具有稳定性	−9.09*	0.64
	3-7	该承包商的人力物力资源充足	−8.64*	0.74
	3-8	该承包商的技术和管理能力优异	−6.82*	0.61

*$P<0.05$。

（4）基于制度的信任。本书将基于制度的信任量表各题目进行项目分析,考量各题目 CR 值、相关系数及因素负荷量,与专家学者讨论后决定保留全部题目,量表的 Cronbach's alpha(α)值为 0.913,总解释量 73.9%,具有良好信度,项目分析详细结果如表 4-11 所示。

表 4-11　预设样本项目分析表（基于制度的信任量表）

变量	项目标号	问卷题项	CR 值	相关系数
	4-1	目前水利工程建设市场是稳定的	−6.63*	0.52
环境常态	4-2	水利工程建设市场的法律法规近期不会发生大变化	−7.01*	0.49
	4-3	工程交易制度不会发生大的变化	−5.40*	0.51

续表

变量	项目标号	问卷题项	CR 值	相关系数
制度依赖	4-4	相信有相应资质的承包商就有相应能力完成工程	−5.12*	0.80
	4-5	承包商提供的担保可信	−5.89*	0.55
	4-6	合同可以保障双方利益	−6.02*	0.62
	4-7	经招标选择的承包商是能够胜任工作的	−8.34*	0.71
	4-8	鉴于该承包商的历史记录,没有理由怀疑他的能力	−3.82*	0.63
制度保障	4-9	目前建设市场的法律法规完善足够保障我在工程交易中的利益	−5.92*	0.58
	4-10	目前的水利工程合同足够保障工程的顺利建设	−2.19*	0.57
	4-11	水利工程建设各种技术能够保障工程质量和安全	−6.19*	0.48
	4-12	相信该承包商的违约成本是很高的	−4.14*	0.48

* $P < 0.05$。

(5) 信任动机。将信任动机量表各题目进行项目分析,考量各题目 CR 值、相关系数,其中 5-5、5-7 两题的两项指标都明显偏低,与专家学者讨论后决定予以删除,删题后量表的 Cronbach's alpha(α)值为 0.865,总解释量为 78.9%,具有良好信度,项目分析详细结果如表 4-12 所示。

表 4-12 预设样本项目分析表(信任动机量表)

变量	项目标号	问卷题项	CR 值	相关系数
愿意依赖	5-1	相信承包商的工程建设质量,减少质量监控工作	−3.73*	0.46
	5-2	相信承包商提供的人员能够按时按人到场	−4.54*	0.65
	5-3	当工程遇到困难时,相信承包商能够以工程成功为目标选择自己的行为	−4.41*	0.52
	5-4	相信承包商提交的变更索赔申请	−3.29*	0.23
	5-5	当承包商财务有困难时,愿意提供帮助	−1.12	0.11
	5-6	愿意和承包商进行真诚、善意的沟通	−3.25*	0.45
	5-7	纠纷通过协商解决	−1.11	0.18
愿意支付	5-8	按合同条款按时给承包商支付工程款	−4.34*	0.49
	5-9	对承包商提出的变更和索赔及时支付	−2.60*	0.66

* $P < 0.05$。

4. 预设样本因子分析

对所有变量的测量条款净化后,要对样本进行 KMO 和 Bartlett 球体检验,从而判断变量是否可以进行因子分析。一般认为,KMO 在 0.9 以上,非常适合;

0.8～0.9,适合;0.7～0.8,适合;0.6～0.7,不太适合;0.5～0.6,很勉强;0.5 以下,不适合。Bartlett 球体检验统计值的显著性概率小于等于显著性水平时,可以进行因子分析。本书对 5 个变量的所有个测量项目进行了 KMO 和 Bartlett 球体检验,如表 4-13 所示。

表 4-13　探索性因子分析的 KMO 和 Bartlett 球体检验

KMO		0.835
Bartlett 球体检验	Chi-Square	3256.793
	df	330
	Sig.	0

由表 4-13 可知,KMO 系数为 0.835,大于 0.8,Bartlett 球体检验显著,所有变量适合作进一步的因子分析。根据探索性因子分析对区别效度的分析方法和判断标准,采用特征值大于 1 作为因子选择标准,利用主成分分析方法,使用 Varimax 旋转,得到不同变量的因子荷载系数,把因子与变量进行对应分析,得到了探索性因子分析的结果。共得出 5 个特征根大于 1 的因子,分别对应于 5 个不同的变量。经过 Varimax 旋转后,发现同属于一个变量的测量项目,其最大因子负荷均具有聚积性,最大载荷都大于 0.5,表明测量量表有比较好的区别效度。

4.5.4　大样本数据收集

1. 问卷发放与回收

本问卷首先在 SurveyMonkey 进行设计,采用中英文两种形式,然后把超级链接通过 E-mail 发放给水利工程建设业主方负责人。

要求答卷人对其单位正在建设的工程进行评价,采用 Likert 五级量表进行回答。2013 年 12 月～2014 年 3 月,共发放问卷 400 份,回收完整问卷 146 份,回收率为 36.5%。

2. 数据总体描述

从表 4-14 反馈者的职位层次上看,48% 的回答者是项目经理及机构(公司)的中高管理层,这样的回答者保证了问卷有效性,因为中高级管理层对项目有整体的认识,了解项目全面的信息。从业经验也是保证问卷有效性的一个重要方面,从总体样本来看,5～10 年从业经验的回答者有 30%,而 10 年以上的占到了 34%,回馈者丰富的建设项目从业经验极大地增强了问卷信息的准确性和有效性。

表 4-14 样本数据描述

项 目	分 类	比例/%
	公司管理层	33
职位状况	项目经理	15
	现场管理人员	52
	5 年以下	36
	5～10 年	30
从业经历	10～15 年	24
	15～20 年	5
	20 年以上	5

4.5.5 变量的验证性因子分析

本书对所有变量进行验证性因子分析,包括自变量(信任倾向、信任信念、受信方特征、基于制度的信任)和因变量(信任动机)。

1. 一阶验证性因子分析

(1)信任倾向。图 4-3 是信任倾向 CFA 的结果。GFI、AGFI、CFI 都大于 0.9,RMSEA 小于 0.08(表 4-15),模型拟合良好。四个构念可测变量的路径系数(λ 系数,因子负荷)都大于 0.7(0.74～0.90),并且每个路径系数都是显著,满足要求;组合信度都大于 0.6(表 4-16),满足要求;由表 4-16 可以看出,AVE 都大于 0.5,满足要求。四个潜变量通过区别效度(discriminant validity)的检验,因为四个潜变量的大部分相关系数除了善行信任倾向和诚信信任倾向的相关系数为 0.67,其他的都小于 0.6,需要进行二阶因子分析。

表 4-15 信任倾向一阶因子分析拟合指标

拟合指标	测量模型结果	理想水平
χ^2/df	2.320	< 3.0
RMR	0.048	< 0.05
GFI	0.912	> 0.9
AGFI	0.879	> 0.9
PGFI	0.610	> 0.5
CFI	0.911	> 0.9
RMSEA	0.070	0.05～0.08

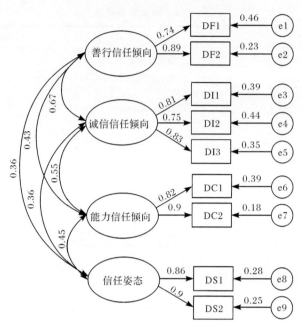

图 4-3　信任倾向一阶因子分析

表 4-16　信任倾向各测量指标变量的参数

潜变量	可测变量	因子负荷	信度系数	测量误差	Cronbach's alpha(α)	组合信度	AVE
善行信任倾向	DF1	0.74	0.55	0.45	0.78	0.83	0.63
	DF2	0.89	0.79	0.21			
诚信信任倾向	DI1	0.81	0.66	0.34	0.75	0.84	0.66
	DI2	0.75	0.56	0.44			
	DI3	0.83	0.69	0.31			
能力信任倾向	DC1	0.82	0.67	0.33	0.81	0.85	0.68
	DC2	0.90	0.81	0.19			
信任姿态	DS1	0.86	0.74	0.26	0.85	0.86	0.69
	DS2	0.90	0.81	0.19			

（2）信任信念。图 4-4 是信任信念 CFA 的结果。GFI、AGFI、CFI 都大于 0.9，RMSEA 小于 0.08（表 4-17），模型拟合良好。三个构念可测变量的因子负荷都大于 0.7，并且每个路径系数都是显著，说明模型的聚合效度（convergent validity)满足要求;组合信度都在 0.6 以上,表示模型满足要求;AVE 大于 0.5,收敛效度良好(表 4-18)。因为三个潜变量的大部分相关系数都大于0.60,需要进行二阶因子分析。

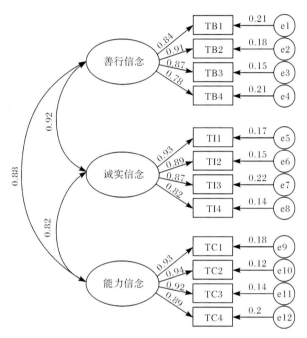

图 4-4　信任信念一阶因子分析

表 4-17　信任信念一阶因子分析拟合指标

拟合指标	测量模型结果	理想水平
χ^2/df	2.460	< 3.0
RMR	0.043	< 0.05
GFI	0.908	> 0.9
AGFI	0.914	> 0.9
PGFI	0.623	> 0.5
CFI	0.902	> 0.9
RMSEA	0.057	0.05~0.08

表 4-18　信任信念各测量指标变量的参数

潜变量	可测变量	因子负荷	信度系数	测量误差	Cronbach's alpha(α)	组合信度	AVE
善行信念	TB1	0.84	0.71	0.29			
	TB2	0.91	0.83	0.17	0.81	0.82	0.62
	TB3	0.87	0.76	0.24			
	TB4	0.78	0.61	0.39			
诚实信念	TI1	0.93	0.86	0.14			
	TI2	0.89	0.79	0.21	0.79	0.80	0.64
	TI3	0.87	0.76	0.24			
	TI4	0.82	0.67	0.33			
能力信念	TC1	0.93	0.86	0.14			
	TC2	0.94	0.88	0.12	0.78	0.83	0.67
	TC3	0.92	0.85	0.15			
	TC4	0.89	0.79	0.21			

　　（3）受信方特征。图 4-5 是受信方特征 CFA 的结果。GFI、AGFI、CFI 都大于 0.9，RMSEA 小于 0.08（表 4-19），模型拟合良好。两个构念可测变量的因子负荷都大于 0.7，并且每个路径系数都是显著的，说明模型的聚合效度满足要求；组合信度都在 0.6 以上，表示模型内在质量理想；AVE 大于 0.5，收敛效度良好（表 4-20）。

表 4-19　受信方特征一阶因子分析拟合指标

拟合指标	测量模型结果	理想水平
χ^2/df	1.450	＜3.0
RMR	0.049	＜0.05
GFI	0.923	＞0.9
AGFI	0.915	＞0.9
PGFI	0.710	＞0.5
CFI	0.912	＞0.90
RMSEA	0.068	0.05～0.08

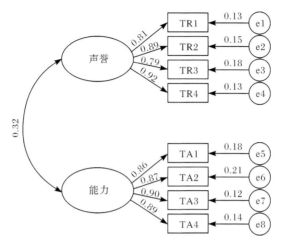

图 4-5　受信方特征一阶因子分析

表 4-20　受信方特征各测量指标变量的参数

潜变量	可测变量	因子负荷	信度系数	测量误差	Cronbach's alpha(α)	组合信度	AVE
声誉	TR1	0.81	0.66	0.34			
	TR2	0.89	0.79	0.21	0.83	0.86	0.69
	TR3	0.79	0.62	0.38			
	TR4	0.92	0.85	0.15			
能力	TA1	0.86	0.74	0.26			
	TA2	0.87	0.76	0.24	0.87	0.82	0.67
	TA3	0.90	0.81	0.19			
	TA4	0.89	0.79	0.21			

（4）基于制度的信任。图 4-6 是基于制度的信任 CFA 的结果。GFI、AGFI、CFI 都大于 0.9，RMSEA 小于 0.08（表 4-21），模型拟合良好。三个构念可测变量的因子负荷都大于 0.7，并且每个路径系数都是显著，满足模型的聚合效度要求；组合信度都在 0.6 以上，满足要求；AVE 大于 0.5，收敛效度良好（表 4-22）。因为三个潜变量的大部分相关系数都大于 0.6，需要进行二阶因子分析。

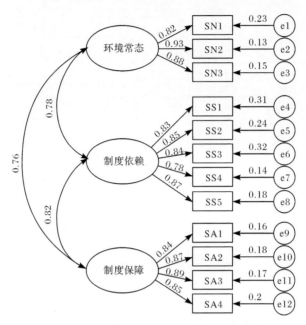

图 4-6　基于制度的信任一阶因子分析

表 4-21　基于制度的信任一阶因子分析拟合指标

拟合指标	测量模型结果	理想水平
χ^2/df	1.890	< 3.0
RMR	0.035	< 0.05
GFI	0.901	> 0.9
AGFI	0.910	> 0.9
PGFI	0.510	> 0.5
CFI	0.908	> 0.9
RMSEA	0.058	$0.05 \sim 0.08$

表 4-22　基于制度的信任各测量指标变量的参数

潜变量	可测变量	因子负荷	信度系数	测量误差	Cronbach's alpha(α)	组合信度	AVE
环境常态	SN1	0.82	0.67	0.33	0.85	0.82	0.76
	SN2	0.93	0.86	0.14			
	SN3	0.88	0.77	0.23			

续表

潜变量	可测变量	因子负荷	信度系数	测量误差	Cronbach's alpha(α)	组合信度	AVE
制度依赖	SS1	0.83	0.69	0.31			
	SS2	0.85	0.72	0.28			
	SS3	0.84	0.71	0.29	0.79	0.76	0.62
	SS4	0.78	0.61	0.39			
	SS5	0.87	0.76	0.24			
制度保障	SA1	0.84	0.71	0.29			
	SA2	0.87	0.76	0.24	0.82	0.84	0.79
	SA3	0.89	0.79	0.21			
	SA4	0.85	0.72	0.28			

（5）信任动机。图 4-7 是信任动机 CFA 的结果。GFI、AGFI、CFI 都大于 0.9，RMSEA 小于 0.08（表 4-23），模型拟合良好。两个构念可测变量的因子负荷都大于 0.7，并且每个路径系数都是显著的，满足模型的聚合效度要求；组合信度都在 0.6 以上，模型满足内在质量要求；AVE 大于 0.5，收敛效度良好（表 4-24）。

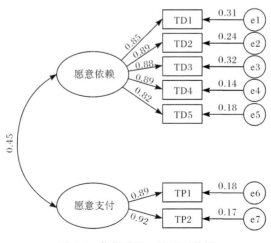

图 4-7　信任动机一阶因子分析

表 4-23　信任动机一阶因子分析拟合指标

拟合指标	测量模型结果	理想水平
χ^2/df	1.240	< 3.0
RMR	0.043	< 0.05
GFI	0.903	> 0.9
AGFI	0.854	> 0.9
PGFI	0.610	> 0.5
CFI	0.901	> 0.9
RMSEA	0.070	0.05~0.08

表 4-24　信任动机各测量指标变量的参数

潜变量	可测变量	因子负荷	信度系数	测量误差	Cronbach's alpha(α)	组合信度	AVE
	TD1	0.85	0.72	0.28			
	TD2	0.89	0.79	0.21			
愿意依赖	TD3	0.88	0.77	0.23	0.85	0.84	0.68
	TD4	0.89	0.79	0.21			
	TD5	0.82	0.67	0.33			
愿意支付	TP1	0.89	0.79	0.21	0.89	0.86	0.79
	TP2	0.92	0.85	0.15			

2. 二阶验证性因子分析

二阶验证性因子分析模型(second-order CFA model)是一阶验证性因子分析模型(first-order CFA model)的特例,又称高阶因子分析。图 4-8 是初始信任变量二阶 CFA 的结果。GFI、AGFI、CFI 都大于 0.9,RMSEA 小于 0.08(表 4-25),模型拟合良好。各构念可测变量的因子负荷都大于 0.7,并且每个路径系数都是显著,说明模型的聚合效度(convergent validity)满足要求。

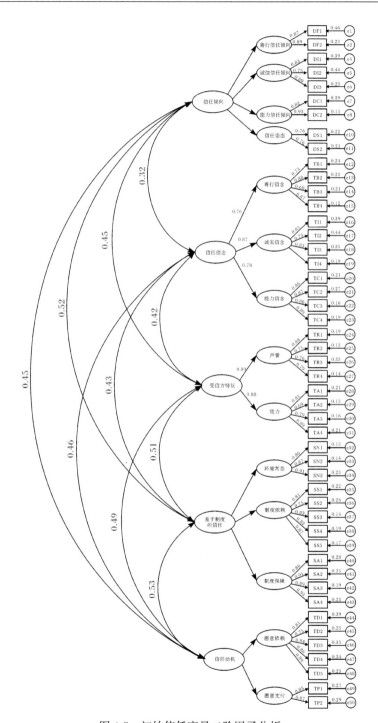

图 4-8　初始信任变量二阶因子分析

表 4-25　初始信任变量二阶因子分析拟合指标

拟合指标	测量模型结果	理想水平
χ^2/df	2.290	< 3.0
RMR	0.045	< 0.05
GFI	0.901	> 0.9
AGFI	0.912	> 0.9
PGFI	0.510	> 0.5
CFI	0.909	> 0.9
RMSEA	0.067	$0.05 \sim 0.08$

4.5.6　路径分析

潜在变量的路径分析,即完整的结构方程模型,包含测量模型(measurement model)与结构模型(structure model)。

基于 AMOS 软件,构建水利建设工程初始信任产生机制的假设模型,再把收集的数据输入假设模型中进行路径分析。路径分析的结果如图 4-9 所示。

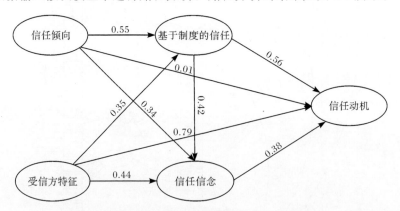

图 4-9　水利建设工程初始信任产生机制的路径模型

1. 模型拟合优度

模型的拟合优度检验结果如表 4-26 所示,Hu 和 Bentler[163] 以及 Marsh 等[164]认为 GFI 和 AGFI 并非独立的参数,容易受到样本数量的影响,如果加大数据样本,有可能得到更好的拟合指标[165]。从上述拟合指数可以看出,模型拟合效果较好,模型可以接受。

表 4-26 潜在变量路径分析的拟合指标

拟合指标	测量模型结果	理想水平
χ^2/df	1.835	< 3.0
RMR	0.043	< 0.05
GFI	0.878	> 0.9
AGFI	0.832	> 0.9
PGFI	0.563	> 0.50
CFI	0.913	> 0.9
RMSEA	0.056	0.05~0.08

2. 假设检验

本章的理论模型经过因子分析和结构方程建模,采用极大似然估计法去估计路径系数,对本章提出的 9 个假设进行了验证。本章对假设关系成立的检验标准有:路径系数的显著性水平 $P < 0.05$,假设成立;$P > 0.05$ 则认为不显著,假设关系不成立。依据上述标准,把路径系数标准化之后,得到如表 4-27 所示的检验结果。8 个假设都达到了显著性水平,8 个路径系数通过检验,1 个假设不显著(信任倾向→信任动机,$P = 0.089 > 0.05$),该路径系数没有通过检验。

表 4-27 结构方程模型路径系数检验结果

假设	路径系数(β)	CR 值	显著性(Sig.)	检验结果
H1a	0.34	1.987	* * *	支持
H1b	0.01	2.412	0.089	不支持
H1c	0.55	2.934	* * *	支持
H2	0.38	2.556	* * *	支持
H3a	0.44	2.436	* * *	支持
H3b	0.79	4.968	* * *	支持
H3c	0.35	3.324	* * *	支持
H4a	0.56	5.623	* * *	支持
H4b	0.42	3.342	* * *	支持

注:* * * 表示显著性 $P < 0.05$。

4.6　假设检验结果分析

从以上分析可以看出，模型的信度和效度都达到要求，各个潜在变量的因子负荷也达到要求，测量模型的拟合指标满足要求，从表 4-26 可以看出，结构模型的拟合优度指标满足要求。

4.6.1　信任倾向

假设 1a：在初始信任阶段，信任倾向对信任信念有正向影响。通过数据检验，在 $\alpha = 0.05$ 的显著性水平下是显著的。而且在初始信任阶段，信任倾向对基于制度的信任产生正向的影响（假设 2c），经数据检验，在 $\alpha = 0.05$ 的显著性水平下也是显著的。假设 1b：在初始信任阶段，信任倾向对信任动机有正向影响，经数据检验，在 $\alpha = 0.05$ 的显著性水平下是不显著的。假设 2（在初始信任阶段，信任信念对信任动机有正向作用）和假设 4a（在初始信任阶段，基于制度的信任对信任动机有正向作用），经数据检验，在 $\alpha = 0.05$ 的显著性水平下是显著的。

本书只研究水利工程建设中业主对于承包商的信任，把业主看成施信方，把承包商看成受信方。从路径模型的检验结果可以看出，施信方信任倾向能够促进其本身对制度的信任，还能够加强其本身的信任信念，但是施信方的信任倾向不能直接产生信任动机。施信方的信任动机要通过对制度的信任和信任信念的间接影响才能产生。在工程交易中，即便处于交易双方组织边界的人是具有信任倾向的人，他依然不会轻易地产生信任动机，他需要通过对制度信任和信任信念的印证才会产生信任动机。从路径模型的验证结果还可以看出，施信方的信任倾向对制度信任和信任信念都有正向的影响，施信方的信任倾向能够促进对制度的信任和信任信念的加强。

依照表 4-16 中因子负荷，信任倾向包括善行信任倾向、诚信信任倾向、能力信任倾向和信任姿态。信任倾向主要表现的是施信方对人的最根本看法，与个人经历、文化、知识水平等相关，具有信任倾向的人一般会认为人都是善行的、关注他人福祉的、会主动帮助他人的；并且相信人都是信守诺言、言行一致、诚实待人的。信任倾向的人还认为从事本专业的人都是擅长该工作的，专业知识是丰富的，而且是能把工作做好的。具有信任倾向的人一个重要特点是他的信任姿态，通常情况下，他都会去相信他人，直到他们做出让他不能再信任的行为。这一特点强调的是信任倾向更关注的是自身的价值观和来自自身的社会经历。对于组织而言，这种信任倾向主要是由处于组织边界的决策人员的信任倾向所决定。

4.6.2　信任信念

假设 2:在初始信任阶段,信任信念对信任动机有正向作用。通过数据检验,在 $\alpha=0.05$ 的显著性水平下是显著的。而且在初始信任阶段,信任倾向对信任信念产生正向的影响(假设 1a),经数据检验,在 $\alpha=0.05$ 的显著性水平下也是显著的。初始信任阶段,受信方特征对信任信念产生正向的影响(假设 3a),经数据检验,在 $\alpha=0.05$ 的显著性水平下是显著的。在初始信任阶段,基于制度的信任对信任信念有正向作用(假设 4b),经数据检验,在 $\alpha=0.05$ 的显著性水平下是显著的。

对于业主方(施信方)而言,信任信念能够促进信任动机的产生。但是还有三个外部变量对信任信念产生影响,信任倾向、基于制度的信任和受信方特征。施信方越是正向的信任倾向(善行信任和信任姿态)越能够使其本身加强这种倾向,形成信任信念,并最终形成信任动机;如果施信方对制度有基本信任(制度保障和依赖),那么这种基于对制度的信任就会加强其信任信念的产生,从而促进其信任动机的产生;越是正向的受信方特征(良好的声誉和能力),施信方的信任信念就会越得到增强,并最终形成信任动机。

依照表 4-18 中因子负荷,信任信念包括善行信念、诚实信念和能力信念。在水利工程交易中,施信方的信任信念来自其对承包商的最基本看法,主要来自企业自身经历和价值观。施信方的信任信念相信大部分承包商都是能够关注业主利益的、能够对工程建设的顺利进行提供帮助的、不会主动隐瞒对业主有利的信息,并且相信对承包商的信任是可以得到回报的。具有信任信念的施信方(业主)相信承包商在需监督的情况下,能自动实现其诺言、言行一致,其行为可以预测、承包商会遵守契约、相信承包商提供的证明自己能力的材料。施信方的信任信念还包括对承包商能力的信任,相信承包商施工经验丰富、工程和技术人员是有能力、都能明白合同中约定的权利和义务等。对于水利工程建设的业主而言,初始信任的信任信念来自于对承包商原始信息(未被证实)的判断,如在资格预审和评标过程中对承包商所提交信息的加工和处理,形成对承包商的信任信念。从结构方程的验证结果看,这样的信任信念受到信任倾向、制度信任和受信方特征的影响。

4.6.3　受信方特征

假设 3a:在初始信任阶段,越是正向的受信方特征(声誉和能力高),越易使施信方产生信任信念,通过数据检验,在 $\alpha=0.05$ 的显著性水平下是显著的。而且在初始信任阶段,越是正向的受信方特征(声誉和能力高),越易使施信方产生信任动机(假设 3b),经数据检验,在 $\alpha=0.05$ 的显著性水平下也是显著的。在初始信任阶段,越是正向的受信方特征(声誉和能力高),越易使施信方产生对制度的信任(假设 3c),经数据检验,在 $\alpha=0.05$ 的显著性水平下是显著的。从路径模型的假设检验结果可以看出,受信方特征在水利工程交易的初始信任中起着非常重要的作用,受信方特征对施信方信任信念、制度信任和信任动机都有正向作用,受信方特征能够促进施信方对制度的信任,从而产生信任动机;受信方的正向特征还可以促进施信方信任信念的增强,并间接地影响信任动机的产生;正向的受信方特征还直接对信任动机产生积极影响。在水利工程交易中,受信方特征信息是施信方从投标资格预审和评标过程中得到的。所以,资格预审和评标过程也就是承包商(受信方)提交个人信息,业主(施信方)加工、处理这些信息并构成对承包商判断的最初特征信息,也就是"受信方特征"。越是正向的特征信息越能促进业主对承包商初始信任的产生。

依照表 4-20 中因子负荷,受信方特征包括受信方声誉和能力两个方面。受信方的声誉主要包括该企业在行业中诚信水平(或者信用水平)、和过去业主的关系质量、是否关心合作伙伴的利益,一个很重要的方面是该承包商与业主的关键决策人员有比较良好的私人关系,此处强调组织边界的决策人员对组织间初始信任的影响。受信方能力主要包括承包商有类似工程经验、财务状况稳定、人力物力资源充足、技术和管理能力优异。从本质看,业主的招标过程就是选择一个合适的有能力的承包商来完成该项工程,对承包商的资格预审和评标就是对承包商能力的考察,有能力的承包商当然可以促进业主对其在能力上产生信任动机。

4.6.4　基于制度的信任

假设 4a:在初始信任阶段,基于制度的信任对信任动机有正向作用。通过数据检验,在 $\alpha=0.05$ 的显著性水平下是显著的。而且在初始信任阶段,基于制度的信任能够促进信任信念的产生(假设 4b),经数据检验,在 $\alpha=0.05$ 的显著性水平下也是显著的。从结构方程检验结果可以看出,基于制度的信任在水利工程交易的初始信任中扮演着重要角色。基于制度的信任可以直接促进信任动机产生,这就是为什么两个陌生的交易双方能够达成一项交易,因为基于双方对制度的信任,在正常的交易环境下,不诚信的行为会得到法律的惩罚,在市场中的大部分交易主体都信守承诺,提供质量合格的产品。在制度的约束下,交易双方的行为都具有可预测性,信任动机就容易产生,交易就容易达成。同时,基于制度的信任还能够促进施信方信任信念的产生,从而产生信任动机。在水利工程交易中,施信方信任信念是对受信方初步信息加工的结果,如果施信方对制度信任,那么制度约束下的受信方信息就更加可靠(如承包商的资质、以往业绩证明、从业者资质证明、银行授信证明等),信任动机的产生也就理所当然。

依照表 4-22 中因子负荷,基于制度的信任包括环境常态、制度依赖和制度保障三个方面。施信方对制度的信任就是相信交易环境、制度是稳定的,法律法规不会发生大的变化,交易制度也处于比较平稳的状态,环境的稳定是对制度信任的基础。对制度的信任还表现在市场交易主体相信建设市场的法律法规完善能够保障交易双方的利益;工程合同是约束双方权利和义务的工具,有了合同的约束,交易各方的利益就能保障;制度保障还反映在工程技术规范的保障上,工程技术不会发生大的变更,技术规范不会发生大的改变,并且目前的技术足够保障工程的质量和安全。对制度的信任还表现在对制度的依赖上,业主(施信方)相信相应资质的承包商就有相应的能力完成工程,承包商提供的担保可信,合同可以保障双方利益,经招标选择的承包商是能够胜任工作的。对制度的依赖就是愿意相信制度,在制度保障下,会对初始信任的产生有促进作用。

4.6.5　信任动机

从结构方程的验证结果看,基于制度的信任、受信方特征和信任信念对信任动机有明显的正向作用(假设 4a、假设 3b 和假设 2);但是信任倾向对信任动机的影响(假设 1b),经数据检验,不显著,说明信任倾向对信任动机不产生直接影响,但是信任倾向通过基于制度的信任和信任信念对信任动机产生间接作用。

依照表 4-24 中因子负荷所示,信任动机包括愿意依赖和愿意支付两个方面。施信方产生信任动机就意味着施信方愿意去依赖受信方。在水利工程交易中,业主愿意依赖承包商主要表现在相信承包商的工程建设质量;减少质量监控工作;相信承包商提供的人员能够按时按人到场;当工程遇到困难时,相信承包商能够以工程成功为目标选择自己的行为;相信承包商提交的变更索赔申请;当承包商财务有困难时,愿意提供帮助;愿意和承包商进行真诚、善意的沟通;纠纷可以通过协商解决等。信任动机的另一个方面就是愿意支付,按合同条款按时给承包商支付工程款,并且对承包商提出的变更和索赔及时处理并支付。

信任倾向、受信方特征、基于制度的信任和信任信念为初始信任动机的前因变量。在信任倾向、受信方特征、基于制度的信任和信任信念的综合影响下,施信方产生对受信方的初始信任动机。在双方的交易初期,如果施信方接收的信息都是正向的,这种信任动机会不断强化,施信方通过一个逐渐的认知过程,把信任动机激发成优势动机,促使施信方最终采取信任行为,由此,初始信任就产生了。

4.7　初始信任的产生过程

初始信任的认知与决策过程如图 4-10 所示。

由以上分析可以看出,信任倾向、信任信念、受信方特征和基于制度的信任都是信任动机产生的前因变量。在前因变量满足条件时,施信方就产生了信任

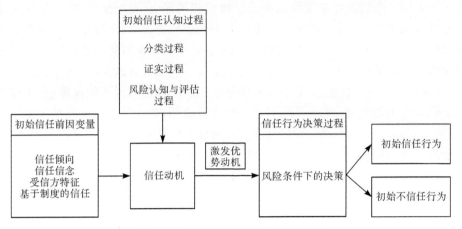

图 4-10　初始信任的认知与决策过程

动机。

初始信任的产生以施信方信任行为的实施为标志。初始信任动机转化为初始信任行为需要经过两个过程：①认知过程；②决策过程。认知过程包括信任的分类过程、证实过程和风险认知与评估过程；决策过程就是施信方在风险条件下的决策。认知过程激发信任动机成为优势动机，施信方在优势信任动机的激发之下，做出信任的决策，实施信任的行为。

4.7.1　初始信任分类过程

在初始信任阶段，认知过程的分类过程可以分为三种类型：①同类化；②声誉分类；③心理定势。同类化就是把对方看成是和自己同类型的人或组织。声誉分类就是基于二手信息给对方附加某些特征。心理定势就是把对方归为最一般的类型。

（1）同类化。同类型的人和组织有共享的目标和价值观，更容易对彼此产生正面的印象[166]。因此，在同类型的组织中，人与人之间比较容易产生信任信念。而在非同类型的成员之间产生信任信念就比较困难[167]。在水利工程签订合同之后，业主和承包商彼此不熟悉，又都面临最新的任务，如果在初始的接触中，对方都发现彼此属于同类型的人或者组织，那么他们之间的信任信念就会比较容易产生。

（2）声誉分类。那些有良好声誉的人和组织都把自己归为值得信赖的人和组织。声誉往往是具备专业能力和某种信任信念的反映[168]，包括善行、诚信正直和行为可预测性。当一个人属于一个有能力的组织时，往往会被认为他是有能力的人。因此，如果一个组织或个人有良好的声誉，施信方甚至在没有第一手信息的情况就可能产生信任信念。

（3）心理定势。心理定势是由先前的活动而造成的一种对活动的心理准备状态，或活动、判断的倾向性，定势使人能够应用已掌握的信息和方法迅速作出判断。心理定势经常根据对方的某些特征（性别、相貌、来自区域等）而作出判别和分类[169]。当产生正向的心理定势时，能够对施信方产生信任信念起促进作用。

4.7.2　初始信任的证实过程

初始信任的证实过程包括幻想控制的证实过程和试图控制的证实过程。

（1）幻想控制的证实过程。在不确定性状态下将会采取细微的行动去探求事物是否在自己的控制之中。这一特征来自人类的本性。"幻想"也就是感知，显然不是现实，是在没有足够证据情况下的一种"直觉"。幻想控制的证实过程能够促进信任信念的产生，与人们过分自信下的判断过程类似。首先，当施信方产生一种尝试性、暂定信念时，他就会努力通过观察、收集信息和线索来证实自己的信念。没有足够证据的情况下，这种观察行为有可能会扩大判断的自信[170]。当有细微的信息证实这种尝试性判断时，信任信念就被夸大地产生了。

（2）试图控制的证实过程。试图控制的证实过程不是把受信方进行分类，而是试探他自己是否有能力处理好与对方的关系，或者说对两者之间的关系是否有把握。施信方作出试图去控制双方关系的努力，是因为他没有和对方交易的经验、也没有关于对方的信息，不知道对方是否值得信赖。当施信方得到某些正向信息时，这些信息就会强化他的信任倾向、分类结果和制度信念，从而证实他信任信念的正确性。

4.7.3　初始信任动机的风险认知与评估过程

信任就是施信方愿意对受信方产生依赖，愿意把自己的弱点、缺陷和关键信息暴露给受信方，所以信任和风险同时存在。在信任前因变量（信任倾向、信任信念、受信方特征和基于制度的信任）的驱动下施信方产生了信任动机，再经过分类过程和证实过程的影响，施信方的信任动机如果得到了正向的信息，那么信任动机就被强化。这种被强化的信任动机能否引发信任的行为，取决于施信方对信任行为的风险评估。施信方通过实施信任行为和不实施信任行为的风险对比，再根据自己或者组织的风险偏好，最终作出在不确定性条件下的风险决策。

4.7.4　初始信任行为的产生

一个人往往同时存在各种不同的动机，这些动机有强弱之分，构成动机体系（或称动机系统）。在动机系统中，各种动机的强度不同，那些最强烈而稳定的动机，称为优势动机，一般情况下，只有优势动机才能引发行为。实际上，初始信任的认知过程（分类过程、证实过程和风险认知与评估过程）就是对动机系统的激发过程，那些正向的信息会把信任动机转化为优势动机，从而让施信方做出和初始信任相关的行为。

施信方对受信方初始信任的具体表现就是采取信任的行为，对受信方信任就是愿意共享信息、愿意把自己的弱点暴露给对方、愿意冒着风险去依赖对方。实际上，施信方采取对受信方信任的行为就是其在经过认知、证实和风险评估之后，作出的不确定性条件下的风险决策，采取信任行为就是不确定性决策的结果。所以施信方对受信方初始信任行为的产生过程，就是施信方在不确定性条件下风险决策的过程。

4.8　初始信任的脆弱性和稳健性

信任是脆弱的，信任水平是螺旋式上升的、稳健的，并且随着时间的推移逐渐提高。从本书构建的模型看，信任在有的情景下表现出脆弱性，在有的情景下表现出稳健性。

4.8.1　初始信任脆弱性情景

初始信任动机脆弱性的三种情景：①前因变量的失效；②前因变量假设的失效；③高的风险感知。

信任的脆弱性也就是信任动机水平在一个给定的时间框架下可能发生大的变化。也就是说，随着时间的推移和状态的变化，信任动机水平可能发生变化。虽然通常把"脆弱"用以表达信任从一个高水平突然下降到一个低水平，但是在本书中脆弱性表达两个维度：高水平和低水平。在高水平状态下，信任的脆弱性就是水平的突然下降；在低水平状态下，脆弱性就表示信任水平的突然上升。在两种情景下，信任都是不稳定的、快速变化的、易受影响的。稳健性就是信任动机水平在给定的时间框架下不发生变化，是脆弱性的反向特征。

1. 前因变量的失效

从初始信任的模型来看，初始信任前因变量的正向影响越大，初始信任的脆弱性越小；初始信任前因变量的正向影响减少，就意味着信任的脆弱性增大。也就是说，如果信任动机只有一个前因变量的正向影响，那么，信任动机水平就会迅速下降。例如，业主和一个低信任倾向、低信任信念的承包商签订合同，业主之所以能和该承包商签订合同的理由就是法律制度能为其提供保障（基于制度的信任）。业主没有关于该承包商的更深层次的信息，只能通过交易过程逐渐完善。在这种情景下，初始信任的前因变量只有基于制度的信任起作用。如果业主除了对制度信任之外,还对承包商有信任信念,在业主对制度信任产生怀疑的情况下,他还能继续保持信任。

一般情况下,如果初始信任的前因变量只有一个显著,那么初始信任就呈现脆弱性。例如,在交易过程中,承包商某些不信守承诺的做法会让业主认为他自己的信任信念是错误的,那么业主对承包商的信任动机就会削弱和扭曲。从结构模型看出,施信方的信任倾向对信任的影响较弱(假设 1a 不显著,不对信任动机起直接作用),如果施信方认为制度信任失效或者受信方不诚信,那么施信方的信任倾向对信任动机就不会起作用。制度信任、信任信念和受信方特征对信任动机的影响要比信任倾向大,而且更直接、更持续、更具稳健性。

2. 前因变量假设的失效

信任倾向、信任信念、受信方特征、基于制度的信任都是基于一种假设。信任倾向是基于对人基本价值观的假设;信任信念是基于对受信方最基本判断的假设;受信方特征是根据其过去信息的假设;基于制度的信任是基于环境制度不变的一种假设。假设都是脆弱的,当这其中任何一种假设不存在时,信任动机水平就会迅速下降甚至产生不信任。当施信方通过自己的经历发现这些假设失效时,信任动机和信任行为也就不会产生。从初始信任的前因变量可以看出,初始信任的脆弱性是不言而喻的,因为经验事实很快就会取代幻想和假设。Fazio 和 Zanna 指出两个原因:第一,人总是认为来自本身经验的信息比间接获得的信息更加可靠,越是可靠的信息越能够降低不确定性,信任就越容易产生;第二,由个人直接经历产生的态度的判断要比其自身记忆产生的态度更加易获取、更加稳定[171]。

3. 高的风险感知

当交易双方互相信任时,其中也蕴涵了风险的存在[122]。因为信任就是对对方的依赖,愿意把自己的信息和弱点暴露给对方,那么对方如果想通过机会主义行为采取对自己不利的行为是非常容易的。所以,高的信任水平就意味着高的风险。在高水平的风险感知下,施信方将会更加关注受信方的行为,收集关于受信方诚信或者不诚信的信息来验证自己之前的假设,从而作出自己是继续信任还是不信任的决策。很多情况下都是越专注对方的行为和信息,得到的越是反面的、负面的信息,对信任动机产生负向影响[159]。

以上就是信任脆弱性的三种情景,同时还发现变量之间的相互依赖性,这种相互依赖性又加剧了信任的脆弱性。当一个变量水平下降时,就会对另一个变量产生负向影响。例如,制度环境发生变化(环境常态发生负向影响),对基于制度的信任产生影响,那么基于制度的信任会直接影响信任动机;同时,基于制度的信任还会影响信任信念,并最终影响信任动机。因此,该模型描述信任动机可能就像谚语中描述的"纸牌屋"的屋顶一样，当一个关键的结构构件滑落时，屋顶也就会随之倒塌。

4.8.2 初始信任稳健性情景

从结构模型的验证结果看，初始信任稳健性的情景有：①初始信任前因变量的显著支撑；②信念确认的认知机制；③社会机制。

1. 初始信任前因变量的显著支撑

从初始信任的因果模型可以看出，当所有前因变量（信任倾向、信任信念、受信方特征、基于制度的信任）都存在并且正向作用显著时，信任动机将一直维持在高水平上。当然，期望看到的是所有前因变量都处于高水平，而不是前因变量的水平参差不齐（有的在高水平，有的在低水平）。研究认知一致性的学者发现，因为人们总是会把不同的认知进行调节，所以各种信任信念会趋向于彼此一致的水平。因此，在水利工程交易中，期望看到各个前因变量处于彼此近似一致的水平，特别是在信任的初期。

例如，在正常的交易环境下，业主和一个经过资格预审并且中标的承包商签订了施工合同，承包商通过了各种资格条件的审查（受信方特征），业主（施信方）的信任倾向、信任信念和基于制度的信任各个前因变量都得到了相互的印证，于是初始信任开始建立。业主相信通过目前的交易制度（包括承包商资质证明、业绩证明、银行授信证明、担保条款、保险制度、人员资质证明、评标规则）及承包商的声誉和能力，就能选择出一个合格的、诚实守信的、有能力的承包商。在这种情景下，初始信任会处于一个比较高的水平。当承包商做出了不诚信或者无能力的行为时，就会破坏施信方对受信方的期望，使信任信念下降，信任动机水平也随之下降。但是如果施信方还存在强烈的信任倾向时，信任动机水平可能不会很快下降，因为信任倾向强化制度信任和信任信念，把信任动机维持在一个高水平状态。当然人有高的信任倾向时，他往往是一个乐观主义者，看到的都是正向的好的方面，会把坏的方面忽略[172]。

2. 信念确认的认知机制

认知过程在初始信任的发展中起着重要作用。事实上，人的信念和预先的设想总是在过滤他们想要得到的信息。人们总是选择、解释、回忆信息用来证实他们的想法和信念。如果人们之前的信念是正向的，在认知过程中就会试图寻找正向的信息去印证自己的信念。

实证研究发现，人们很多情况下会把和信念相反的、违背信念的信息忽略，特别是当人感知到事情是往好的方向发展时。当之前失败的经验越少时，人往往会保持更乐观的心态,忽略一些和信念相反的信息,最终可能会忽略一些潜在的问题[160]。

同样,信任信念也适用于这样的规律,但是在初始关系阶段,施信方非常渴望从交易过程中得到印证信任信念的信息,在一定程度上可能会减弱这种认知的偏向。如果在初始关系阶段,信任倾向、制度信任都处于低水平,并且风险感知处于高水平,那么这种对印证信息的需求会被增强,因为施信方极其渴望地想印证自己初始信任决策的正确性[173]。

当人们得到的信息违背自己的意愿时,经常会削弱这种负面的信息,或者认为这些信息是不准确的、不完整的,甚至会从正面的角度重新搜索信息[174]。人还经常会不加鉴别地接受那些支持自己信念的信息,而很难接受那些有悖于自己信念的信息。同时,还会从记忆中搜索信息去印证现在的信念。

当遇到模糊的、不完整的信息时,人会从自己固有的信念角度去诠释这些信息。当施信方对受信方有高的信任动机时,他会把一些违背信任的行为看成是孤立的、例外的情况,甚至看成是个人的癖好,对信任信念不会产生负向影响。对人存有善行信念的人同样会忽略那些违背信任的行为,因为他们总认为人本质是善良的。对人性的高度信任会忽略违背信任的行为和信息。

造成人"认知惰性"的另一个原因是"思维定势"。人总是把自己先前所设想的情景、结果和判断应用到现在的情景中。在市场交易中,施信方总会根据自己的经验把某些交易的对象归类为信任或者不信任的类型,当遇到一个陌生的交易对象时,他会根据自己所固有的判断标准去决定信任还是不信任对方。根据本书的模型,高水平的制度信任和信任倾向情景将会鼓励施信方作出信任的决策,并且认为这种决策的风险较低。

从以上分析的结果看,人自身存在一种机制,他能够自动地削弱那些违背自己信念的信息,从而降低对信任动机的负面影响。可以推测,拥有高的信任倾向的人比低信任倾向的人将更多地削弱那些违背信任的信息。在初始信任的认知过程中,削弱负面信息和思维定势增强了初始信任的稳健性。

3. 社会机制

在市场交易中,施信方信任决策的信息很多来自于第三方,第三方通常有和受信方交易的历史和经验,因此来自第三方的信息更直接、更接近事物的本质。高水平的信任动机往往建立在双方相互合作的基础上,诚信、合作的行为能够强化施信方来自第三方的信息。在这样的情景下,信任就形成一个自我强化的循环。因为人总是自我印证或者互相印证信任信念,所以社会互动交往能够维持最初的信任动机。良好的信任状态实际上是互相报答,当施信方相信受信方时,他就会向别人表达自己信任的想法,同时受信方也会表达信任的意愿,在这种互相表达信任的互动中,就加强了信任动机的产生。

社会互动能够支撑初始信任动机产生的另一个原因是声誉的影响。人或者组织的声誉在社会交往中传播。交易主体的交易历史在市场中积累,关于声誉的信息会传播给潜在交易主体,当施信方遇到一个声誉良好的受信方时,信任信念和信任动机就随之产生。所以在水利工程建设市场要建立完善的信用体系,来记录市场交易主体的声誉,帮助业主和承包商作出信任的决策,减少交易费用,提高交易效率。

社会互动同样可以通过基于制度的信任来支撑初始信任的产生。稳定、完善的市场交易制度,公开、公正、公平的交易环境,都为初始信任的稳健性提供了支持。

从以上分析的结果可以看出,初始信任动机脆弱性由三种因素决定:前因变量的失效、前因变量假设的失效和高的风险感知。初始信任动机稳健性由三种因素决定:初始信任前因变量的显著支撑、信念确认的认知机制和社会机制。初始信任动机脆弱性和稳健性同时存在,并随着前因变量和交易双方认知过程的变化而变化。

4.9　本 章 小 结

本章把信任倾向、信任信念、受信方特征和基于制度的信任作为初始信任动机产生的前因变量。通过构建水利工程建设组织间信任的前因变量和信任动机之间的因果关系模型,应用结构方程、AMOS 软件进行实证研究。实证研究的结果发现,施信方信任倾向能够促进其本身对制度的信任,还能够加强其本身的信任信念,但是施信方的信任倾向不能直接产生信任动机。施信方的信任动机要通过对制度的信任和信任信念的间接影响才能产生。施信方越是正向的信任倾向(善行信任和信任姿态)越能够使其本身加强这种倾向,形成信任信念,并最终形成信任动机;如果施信方具有对制度的基本信任(制度保障和依赖),那么这种基于对制度的信任就会加强其信任信念的产生,从而促进其信任动机的产生;越是正向的受信方特征(良好的声誉和能力),施信方的信任信念就会越得到增强,并最终形成信任动机。只有那些优势的动机才能转化为行为,初始信任的认知过程就是对信任动机的激化过程,在信任动机被激化为优势动机时,施信方就会作出在不确定性条件下的风险决策,产生信任行为。最后讨论了初始信任的脆弱性和稳健性。

第5章 水利工程建设参与方信任对项目绩效影响机理

本章主要研究为企业带来增值的组织间关系是如何在委托代理的交易关系中培育和维持的,并且如何随着信任和机会主义水平的变化而变化;以组织间关系为调节变量,研究信任和机会主义行为是如何协同影响项目绩效的。

5.1 信任、机会主义和组织间关系

交易费用经济学和关系交换理论为委托代理关系中人的行为基础奠定了理论框架。依照交易费用经济学的观点,机会主义行为的存在会使交易的一方承受几种交易风险,包括交易的一方可能会逃避或不努力工作,扭曲其资源贡献的质量和价值,在交易中减少共享资源而获得更多的利益[175,176]。在工程建设中承包商可能利用自己的信息优势采用机会主义行为,例如,在施工过程中偷工减料、以次充好。针对这种"掠夺性倾向"(predatory tendencies),Williamson 认为,对交易中的委托人而言,设计一种保护自身利益的措施防止代理人机会主义行为至关重要。这些措施包括使用行政命令、设计并严格执行合同条款、使用激励机制把交易的双方结合为关系密切的利益联盟、采用经济质押和可置信的承诺等。就像 Ghoshal 和 Moran 所说,虽然这些措施能够抑制交易一方的机会主义行为,但是可能造成"自我实现的预言"的出现,会对价值增值交易关系的形成和维持产生不良影响[177]。实证研究已经证明,委托代理关系中的机会主义行为与关系和绩效负相关[178~180]。

相反,关系交换理论把"信任"视为组织间增值关系的形成和维持的关键点[178,181~183]。在高信任度的关系中,交易双方能够很好地辨识对方,并且发展成为彼此密切的关系,这种交换关系最终形成组织间高度的承诺[184~186]。在这样的交易关系中,交易的双方能够互相理解对方,甚至能够超出合同约定的角色和义务而"真心为对方付出"[184]。交易的双方还可能在这种信任关系中进行感情投资,表达真诚的关心,还能为对方的利益着想,并且相信这些真诚的情感投入和付出是可以得到回报的[27]。交易的双方能够开始并且通过物质或者物质的投资来加强这种组织间关系,例如,彼此共享隐形知识、发展友谊和忠诚、信奉共同的价值观、通过合作达成一种"正和(positive-sum)"的价值导向[187~189]。相反,如果交

易关系不是建立在信任关系之上,或者建立在低水平的信任关系上,就产生了"关系主义"(relationalism)。其特点是,双方较低的依赖性,交易的双方努力降低相互依赖的风险。实证研究已经证明关系交换理论(relational exchange theory, RET)的正确性,发现信任产生了很多正向的行为,如促进了协调和沟通[178,190~192],促进了冲突的解决[51,188]及在不可预料环境下关系调整的柔性[44]。

　　基于交易费用经济学和关系交换理论,传统的观点认为在委托代理的交易关系中,信任和机会主义彼此相互抵消,信任的正向作用可能是机会主义的负向(或者中性)作用。信任避免了签约成本,降低了监督和调整合同的成本。Gulati 认为,信任降低了对机会主义行为的担忧,相应地减少了交易中交易费用的产生[193]。还有一些研究表明,信任和机会主义在交易行为中是中立的关系,如信息共享、绩效检测、重新谈判和解决冲突[44,51,194],但是这些都是通过截面数据得出的结论,并不能得出相应的因果关系。在委托代理关系中,信任和机会主义的相互作用对交易双方的关系和绩效产生什么样的影响,还没有人进行研究。也就是说,流行的观点认为信任和机会主义是相互替代的关系,本书试图去探究信任和机会主义在委托代理的增值关系中是否存在一种互补的作用。

　　Luhmann[25]、Lewis 和 Weigert[26]、McAllister[27] 以及 Kramer[30] 都提出了自己对组织间信任的分类方法。Wong 总结前人研究成果并结合工程建设行业特点,把信任分为三类:基于制度的信任、基于认知的信任和基于情感的信任[195],如表 5-1 所示。

表 5-1　工程建设行业信任分类

信任类型	描　　述
基于制度的信任	客观的、与正式制度相关,和个人倾向和情感无关。包括三个构念:①合同和协议;②沟通系统;③组织政策
基于认知的信任	依赖于交易双方通过沟通形成的客观信息,包括两个构念:①知识;②沟通和互动
基于情感的信任	依赖于个人感觉和情感,包括两个构念:①情感投资;②为别人着想

　　研究组织间交易的问题,通常以交易费用经济学为理论基础,而在交易费用经济学中强调"经济人"假设,交易的双方都可能会有机会主义行为的倾向。相反,关系交换理论支持"英雄人"假设,它强调信任是培养和维持这种可以为企业创造价值的交易关系的关键手段[184,196]。很多学者从各个角度对这两个理论进行实证研究,研究交易费用经济学的有 Heide 和 John[178] 以及 Rindfleisch 和 Heide[179];研究关系交换理论的有 Koza 和 Dant[188]、Zaheer 和 Venkatraman[194] 和 Dyer[197]。虽然这些学者对两个理论进行了深入的研究,但是双方还是各执一词,

很难达成统一的认识。

因此本书试图去研究组织间的交易关系随着双方信任水平和机会主义的变化是如何发展和维持的。采用一种更加兼容的研究方法,认为人性中既包含了"经济人"的特点,也包含了"英雄人"的特点,然后研究这种为企业带来增值的委托代理关系是如何培养和维持的。

主要研究两个问题:①为企业带来增值的组织间关系是如何在委托代理的交易关系中培育和维持的,并且如何随着信任和机会主义水平的变化而变化的;②以组织间关系为中介变量,信任和机会主义行为是如何协同影响项目绩效的。

第一,研究信任和机会主义行为的联合作用如何影响委托代理的交易关系。如果能找到他们之间存在正向的关系,将对组织间关系的信任-机会主义的悖论提供来自实证的支持。试图把交易费用经济学和关系交换理论结合在一起对组织间关系进行研究。

第二,关于组织间的委托代理关系的研究,本书把业主和承包商的关系看成是组织间的委托代理关系,业主为委托人,承包商为代理人。在交易费用经济学中,由于信息不对称,代理人可能会利用自己的信息优势采取对委托人不利的机会主义行为,而委托人设计交易机制的目的就是防止代理人机会主义行为的发生。在委托代理理论中,很多研究者认为委托人的机会主义行为不是委托代理关系的重点,但是在实际交易关系中并不少见。例如,通过对特许经营权中研究的"所有权转移"问题,发现特许经营权授权人(委托人)在从授予人(代理人)的手中回购经营权的过程中,回购价格低于市场价格,委托人增加了自己的利益却损害了代理人的利益。因此,认为组织间的交易关系的特点包括权力的不对称性和资源禀赋的差异。拥有较低权力和较少资源禀赋的一方(代理人)更加脆弱,很容易对较高权力和较好资源禀赋的一方(委托人)采取机会主义行为。

第三,通过实证研究发现在委托代理的交易关系中,前因变量(信任和及机会主义行为)和项目绩效之间的因果联系。在以往的研究中,关于组织间关系的研究多使用的是截面数据,但是组织间关系的发展、维持是随着时间发展变化的,这就需要进行纵向数据研究。

5.2 理论和研究假设

在组织间的交易关系中是否存在高度信任和高机会主义的情况,依照交易费用经济学和关系交换理论,这种情况是不会发生的。组织的行为经常以悖论的形式存在[198],越来越多的文献表明,组织的特点往往是矛盾的,甚至是自相矛盾的,如信任和机会主义。信任-机会主义的悖论与其说是语言的悖论不如说是逻辑上的悖论[199]。

　　Lewis 构建了一个综合性的框架,用以诊断和管理组织中的悖论,建议挖掘这些悖论的潜力为企业所用,并去探究而不是去压制和加剧这些悖论[198]。同时对组织间行为的思考和研究应该从全面的辩证的思想出发[200]。在实践方面,有些学者已经指明如何利用这些悖论使企业的管理绩效得到改善[201,202]。

　　依照以上观点,组织间交易的特点是信任和不信任同时存在,信任和机会主义的交互作用将对组织间关系和交易绩效产生一个正向的影响(也就是说信任的正向影响大于机会主义的负向影响)。把这种观点应用到委托代理的交易关系中,Lewicki 等认为信任和机会主义的关系特点是"多样化、多层次"的,交易的双方既有正向的、信任加强双方关系的经历,又有负向的、机会主义恶化双方关系的经历[181]。

　　相应地,为了更有效地管理双方的交易关系以产生良好的组织绩效,交易的双方就需要采取各种各样的措施和行为以促进合作和承诺,降低机会主义的风险[201,203]。组织就是这样一种复杂的系统,同时它的行为也是复杂的,它能够整合和雇用多样的人才,融合互相冲突的领导风格和行为,去提高组织的竞争优势,从而取得更好的组织绩效。同样,Hart 和 Banbury 通过实证研究发现,那些具备整合多样化和矛盾的战略决策模式的企业比那些单一的战略决策模式的企业能取得更好的绩效[204]。在委托代理的交易关系中,信任和机会主义的交互作用,使组织间关系更加复杂,可能包含了一系列的行为,这些行为有其社会的复杂性、深度的嵌入性和价值的增强性,能够促进组织绩效的改善。

5.2.1　信任和机会主义对组织间关系的影响

　　信任和机会主义对组织间关系的影响可以分为以下三种情况。

　　(1)当信任和机会主义都在低水平时,组织间关系处于中等水平,因为当委托人感受到代理人的机会主义水平处于低位时,他能够从这样的关系中获利,这样的状态反映了现实中的正常情况。

　　(2)当信任和机会主义都处于中等水平时,双方的关系处于低水平,因为中等水平的信任和中等水平的机会主义将使代理人的行为动机处于较高的不确定性状态。这种不确定性使代理人对委托人的感觉恶化,会促使代理人撤回资产专用性投资,或者借助法律防止委托人的机会主义行为[205]。在中等水平的信任和机会主义的状态下,交易的双方都会把双方的关系看成是一种复杂混合的信号,很可能阻碍组织间关系的进一步发展。

　　(3)当信任和机会主义都处于高水平时,双方的关系水平相应增强,主要是因为高水平信任的正向影响大于机会主义的负向影响。在图 5-1 中,在对称线上,期望得到一个关于信任-机会主义和组织间关系的 U 形曲线;相反,在不对称线上,期望能得到一种线性关系,如当机会主义处于低水平、信任处于高水平时,组织间关系处于高水平,相对地,当信任处于低水平、机会主义处于高水平时,组织间关系处于低水平。因此提出实证研究的假设。

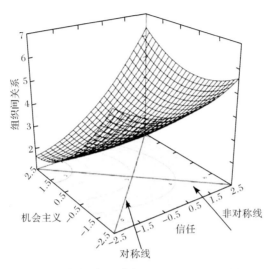

图 5-1　组织间关系、信任和机会主义的研究假设

假设 1a:当信任水平增加、机会主义水平降低时,组织间关系水平将增加,在非对称线上会有一个线性效应。

假设 1b:当信任和机会主义水平都增加时,组织间关系水平将先降低后增加,在对称线形成 U 形曲线。

5.2.2　信任和机会主义对项目绩效的影响

以上逻辑同样可以用来检验信任和机会主义对项目绩效的影响。当信任和机会主义都处于低水平时,期望组织绩效能达到中等水平,在这样的情景下,委托人可能会主动减少对代理人机会主义行为的监督,把主要精力放在通过合作和信任构筑组织间关系的努力上。这样的交易情景的特点是"有限的相互依赖"和"有约束的正常交易"[181]。

在低的信任水平和低的机会主义的情景下,委托人既没有理由保持自信(对代理人的行为有高的期望),也没有理由保持警惕和谨慎[181],更没有必要采用复杂的机制去限制机会主义行为。

然而,在中等水平信任和中等水平机会主义的情景下,期望得到的结果使关系的不确定性增强,从而导致组织的绩效降低,因为委托人和代理人都担心对方有利于自己的优势而获利,进而缩减在关系上的专用性投资。在中等水平的信任下,信任就是一种"知识",施信方和受信方能互相了解对方,对对方的行为是可以期待的[181]。给定一个行为的可预测水平和相应的机会主义水平(如中等水平),

委托代理的双方都会采取措施预防对方的机会主义行为。换句话说，交易双方对彼此都互相了解，然而对彼此的信任还会产生怀疑，这样彼此就会变得更加警惕和谨慎。在这样的情景下，双方的关系就可能会减弱甚至恶化。

高水平的信任和高水平的机会主义情景下产生的结果就是高水平的绩效。在高水平的信任下，交易的双方在一定程度上能够很好地识别对方的诉求和意图，他们更有可能会超越当前的机会主义而去关注未来，去构建和孕育持久的、增值的交易关系[184]。在人与人的关系中，Lewick 和 Bunker 认为当一方由于机会主义产生背叛行为时，基于认同的信任（identification-based trust）关系还可能维持，但是基于算计的信任关系（calculus-based trust）（低水平）和基于知识的信任关系（knowledge-based trust）则不然。

这种基于认同信任的关系更有可能使双方的合作更加持久[184]，因为交易双方能够为重修信任关系而采取一定的措施，如承认自己的背叛行为、主动承担责任、真诚地忏悔等[206]。在这样的逻辑下，可以预判，在委托代理的交易关系中，高度信任和高度机会主义很有可能就意味着好的项目绩效。因此，在对称线上，期望得到信任-机会主义（预测变量）和项目绩效（结果变量）是 U 形的关系。相反，在非对称线上，期望得到这样的线性关系：机会主义降低、信任增加，而绩效也将增加。因此，提出以下假设。

假设 2a：当信任水平增加而机会主义减小时，项目绩效水平将相应增加，在非对称线形成线性效应。

假设 2b：当信任水平和机会主义都增大时，项目绩效水平将先减小然后增加，在对称线上形成 U 形曲线。

5.2.3　以组织间关系为中介变量，信任和机会主义对项目绩效的影响

最后，检验以组织间关系为中介变量，信任和机会主义对项目绩效的影响。Morgan 和 Hunt 的研究发现，关系承诺和信任是市场交易关系成功的关键[185]。同样，Lusch 和 Brown 通过对美国批发配送行业的实证研究发现，合同形式和关系行为对双方的交易绩效产生重要影响。他们还发现，使用规范合同对交易绩效产生正向的影响，因为规范合同的有效执行依赖于双方行为准则的构建和运用，如团结合作、互相理解、处理问题的灵活性[207]，希望信任和机会主义同时存在的交易关系对项目的绩效有正向效应。对供应链的研究也表明，交易双方良好的关系确实让双方在合作中获利[188,208~210]。

在本书中，希望在组织间关系和项目绩效中间构建一个直接而且正向的联系。以关系为中介变量，研究信任、机会主义和项目绩效的关系还未见报道。Brikinshaw 和 Gibson 提出了"情景二元性"（contextual ambidexterity），信任和机会主义的交互作用产生了一个独特的情景：价值增值性的关系行为在委托代理交

易中出现[211]。也就是在组织面临信任和机会主义行为产生冲突时,组织成员能够通过优化组织目标和机制来协调两者之间的矛盾[198]。

在这样的逻辑框架下,以二元性为中介变量,组织能够协调管理的冲突和悖论,为研究假设的提出提供了合理的理论支撑。因此可以提出在委托代理的交易中,以组织间关系为中介变量,研究信任、机会主义和项目绩效的关系。也就是说,信任和机会主义的交互作用将通过组织间关系的好坏对项目组织绩效产生影响。因此提出以下假设。

假设 3a:以组织间关系为中介变量,信任和机会主义对项目绩效的线性影响将反映在非对称线上。

假设 3b:以组织间关系为中介变量,信任和机会主义对项目绩效的非线性影响将反映在对称线上。

由此得到了 6 个研究假设。

假设 1a:当信任水平增加,机会主义水平降低时,组织间关系水平将增加,将在非对称线上有一个线性效应。

假设 1b:当信任和机会主义水平都增加时,组织间关系水平将先降低后增加,将在对称线形成 U 形曲线。

假设 2a:当信任水平增加而机会主义减小时,项目绩效水平将相应增加,将在非对称线形成线性效应。

假设 2b:当信任水平和机会主义都增大时,项目绩效水平将先减小然后增加,在对称线上形成 U 形曲线。

假设 3a:以组织间关系为中介变量,信任和机会主义对项目绩效的线性影响将反映在非对称线上。

假设 3b:以组织间关系为中介变量,信任和机会主义对项目绩效的非线性影响将反映在对称线上。

5.3　变量的测量量表设计

5.3.1　组织间信任

Wong[195]根据文献[16]、[18]、[23]、[27]、[212]和[213]创建了建设行业信任的测量量表,共包含 23 个问题。其中基于制度的信任 10 个问题,基于认知的信任 7 个问题,基于情感的信任 6 个问题。作者根据 Wong 的研究成果并结合中国水利建设市场特点,对该量表进行修改形成本书的测量量表,如表 5-2 所示。

表 5-2　组织间信任测量量表

信任类型	项目标号	项目内容	来源
		基于制度的信任	
项目管理理念和制度	ST1-1	为承包商提供足够的资源,使其相信业主的能力	
	ST1-2	参与建设各个部门任务分工明确	
	ST1-3	目标导向、持续工作改进和共赢的管理理念	
	ST1-4	针对成本、工期、风险和安全的各项规定、政策都是具体而又容易落实的	
组织间沟通系统	SC1-5	使用了有效的沟通方法	
	SC1-6	组织间的正式沟通都是基于正式文件的	
	SC1-7	良好的沟通渠道和系统避免了迷糊不清、不确定性问题的产生	
合同	TC1-8	清晰、明确的合同文档给参建各方带来了信心	
	TC1-9	当双方对合同文件的理解产生分歧时,业主方会主动解释或共同讨论	
	TC1-10	开工之前澄清的合同条款为后来的合同执行减少了很多冲突和纠纷	
		基于认知的信任	
沟通和互动	CC1-11	和对方保持长期的关系能够促进组织间沟通的效率和效果	根据文献
	CC1-12	良好的互动可从对方得到更多的信息	[16]、
	CC1-13	经常的基于工作关系的互动能够促进双方的互相理解	[18]、
	CC1-14	公开、真诚地沟通能够得到与工作相关的更多的信息	[23]、
能力	CA1-15	承包商以往的业绩记录所表现的能力和目前是一致的	[27]、
	CA1-16	在工程建设期间,承包商稳定的财务状况是工程进展顺利的关键	[195]、
	CA1-17	承包商具有良好的声誉,并且在工程建设期间没有做有损声誉的行为	[212]和 [213]
		基于情感的信任	
关心对方	TA1-18	在恰当的时候,对承包商主动表示关心,给其留下很舒服的感受	修改完成
	TA1-19	主动关心是了解对方需求和感受的最好途径,并且能鼓舞士气	
	TA1-20	决策过程中考虑对方的需求,往往会得到满意的结果	
情感投资	TT1-21	与对方关键人物保持良好的私人关系往往能够改善双方的关系,提高工作效率	
	TT1-22	良好的印象会使在工作上依赖对方	
	TT1-23	花一定的时间和精力去了解对方关键工作人员的个人情况和工作背景,这能够从一定程度上消除双方工作的摩擦	

5.3.2　机会主义

水利建设工程交易中的机会主义行为主要关注的是合同签订之后的机会主义行为,本书主要关注的是水利工程施工合同签订之后承包商的机会主义行为。总结 John[214] 以及 Dwyer 和 Oh[215] 关于机会主义的测量量表,并结合中国水利工程建设特点,形成 8 个问题的测量量表,如表 5-3 所示。

表 5-3　机会主义测量量表

	项目标号	项目内容	来源
机会主义	OP2-1	承包商为了得到自己想要的东西,总是夸大自己的困难和需求	根据文献[214]和[215]修改完成
	OP2-2	承包商为了达到自己的目的,有时会有不诚实的行为表现	
	OP2-3	承包商为了满足自己的目的和目标,经常会改变或者隐瞒事实的真相	
	OP2-4	谈判的时候不报以诚信的态度	
	OP2-5	违反正式或非正式的协议,以满足自身利益	
	OP2-6	在合同变更和索赔中,根据自己的信息优势增加工程量、提高造价	
	OP2-7	承包商会把建筑材料以次充好	
	OP2-8	不断地提出索赔和变更	

5.3.3　组织间关系

根据文献研究的结果,把 Kaufmann 和 Dant[216] 以及 Pinto 等[217] 的测量量表进行修改整合,再根据中国水利工程交易特点,设计出组织间关系的测量量表,包括三个构念:稳定(4 个问题)、柔性(4 个问题)和相互依存(4 个问题),如表 5-4 所示。

表 5-4　组织间关系测量量表

组织间关系	项目标号	项目内容	来源
稳定	RS3-1	致力于与承包商保持良好的工作关系	根据文献[216]和[217]修改完成
	RS3-2	把承包商看成合作伙伴	
	RS3-3	认真努力保持合作以形成有效的、长期的关系	
	RS3-4	就工程建设而言,与承包商的关系比利益更重要	
柔性	RR3-5	在面对特殊的问题或环境时,愿意进行调整帮助承包商	
	RR3-6	很乐意留出几个开放的合同条款以适应工程建设中不可预料的情况	
	RR3-7	当面对特殊问题或环境时,承包商愿意提供帮助	
	RR3-8	承包商很乐意预留合同条款来处理困难问题	

续表

组织间关系	项目标号	项目内容	来源
相互依存	RM3-9	在一定时间内成本和收益不均匀,但是可以在整个工期内平衡	根据文献[216]和[217]修改完成
	RM3-10	利益和收入与努力成正比	
	RM3-11	在工作中都能本着公平回报和成本节约的态度	
	RM3-12	在工作关系中,没有人不劳而获	

5.3.4　项目绩效

在文献[218]和[219]的基础上建立 12 个指标的测量体系,如表 5-5 所示。

表 5-5　项目绩效测量量表

项目绩效	项目标号	项目内容	来源
基本绩效	PB4-1	工程按时完工	
	PB4-2	工程质量满足要求	
	PB4-3	工程成本在预算范围内,未超支	
管理过程	PM4-4	工程建设阶段工期进展平稳	根据文献[218]和[219]修改完成
	PM4-5	承包商提出的工期顺延索赔得当	
	PM4-6	工程建设阶段成本得到有效控制	
	PM4-7	有效的决策避免了不必要的时间消耗	
	PM4-8	工程项目的缺陷保持在最小、可控、满足质量要求范围内	
	PM4-9	工程建设进展顺利,各个参与方积极配合	
客户满意	PC4-10	相信工程最终的建造成本是合理的	
	PC4-11	相信工程所花费成本物有所值	
	PC4-12	相信工程能够满足最终客户的需求	

5.4　预试问卷数据收集与处理

5.4.1　预设问卷数据收集

本书采用 Likert 量表法编制量表。预试问卷编拟完后,实施预试。受试样本来自水利工程业主管理人员。采用 SurveyMonkey 发放问卷,各个题项答案自动生成编码,调查结束之后可以直接从网站上下载到 Excel 和 SPSS 的数据表格。

以水利工程建设业主工程管理人员为发放对象,发放了 100 份问卷,共收到 67 份有效问卷,有效回收率为 67%。如表 5-6 所示。

表 5-6　预试样本数据描述

项目	分类	比例/%
	管理层	23
职位状况	部门负责人	41
	现场管理人员	36
	5 年以下	8
	5~10 年	9
从业经历	10~15 年	13
	15~20 年	20
	20 年以上	50

23% 的回答者来自管理层,而部门负责人和现场管理人员分别占 41% 和 36%;5 年以下从业经验者占 8%,5~10 年从业经验者占 9%,10~15 年从业经验者占到了 13%,15 年以上从业经验者占到了 70%。

5.4.2　预设样本项目分析和信度分析

项目分析就是利用 SPSS 计算出每一题项的"临界比率"(critical ratio,CR),要求每个题项的 CR 值达到显著性水平($\alpha < 0.01$);如果不显著,则要考虑是否删除该题项。经过检验,所有题项 CR 值都达到要求。

项目分析完之后,对量表各个层面与量表的信度检验。所谓信度,要求 Cronbach's alpha(α)系数,介于 0.65~0.70 是最小可接受值;α 系数值介于 0.70~0.80 为相当好;α 系数值介于 0.80~0.90 为非常好。预设样本的 Cronbach's alpha(α)系数大于 0.7。

5.4.3　预设样本因子分析

项目分析和信度检验之后,要对样本进行 KMO 和 Bartlett 球体检验。KMO 在 0.6 以上,且 Bartlett 球体检验统计值的显著性概率小于等于显著性水平时,可以进行因子分析。本书对 4 个变量的所有测量项目进行了 KMO 和 Bartlett 球体检验。如表 5-7 所示。

表 5-7　探索性因子分析的 KMO 和 Bartlett 球体检验

KMO		0.824
	Chi-Square	2234.321
Bartlett 球体检验	df	245
	Sig.	0.000

由表 5-7 可知,KMO 系数为 0.824,满足要求,Bartlett 球体检验显著,所有测量变量适合作进一步的因子分析。采用特征值大于 1 作为因子选择标准,利用主成分分析方法,并使用 Varimax 旋转,得到不同条款的因子荷载系数,将因子与变量进行对应分析,经检验,预设样本的探索性因子分析结果满足要求,因子聚合程度良好。

5.5　大样本数据收集

5.5.1　大样本数据来源

本问卷首先在 SurveyMonkey 进行设计,然后把超级链接通过 E-mail 发放给工程建设业主方负责人,采用 Likert 五级量表进行回答。

答卷人都来自于天津、河北、河南南水北调建管中心工作人员和现场工程管理人员。由于南水北调标段众多,几乎包括了中国所有的承包商队伍,可以说,南水北调的工程交易和管理的现实也代表了中国水利工程建设的实际状况。

由于要进行 3 期纵向数据的收集,项目绩效是关于工程最终结果的评价。如果针对全国范围内的代表工程进行跟踪研究,研究成本太高。南水北调河南段已于 2013 年 12 月通水验收,工程建设管理人员对项目的绩效也有了最基本的认识,这为数据收集提供了良好的契机。2012 年 9 月～2013 年 3 月为第一期,2013 年 3～9 月为第二期,2013 年 9 月～2014 年 3 月为第三期。三期内分别发放了 800 份问卷,回收问卷数为 452、467、572、回收率分别是 56.5%、58.3%、71.5%。并不是所有的人都在这 3 年中对问卷进行了回复,筛选三期中全部都回复的数据,剩下的问卷为第一期 258 份,第二期 322 份,第三期 389 份,回收率分别是 32.3%、40.3%、48.6%。

5.5.2　无应答偏差检验

(1) 检验早期和晚期数据。对早期和晚期的数据进行多元方差分析(MANOVA)和 t 检验,结果显示早期和晚期数据来源于同一样本($P > 0.05$)。

（2）对三期的数据进行多元方差分析（MANOVA）和单变量分析，检验结果是这三期的数据来自同一样本（$P>0.05$）。

（3）每期的数据和三期总体数据进行多元方差分析（MANOVA），结果发现没有显著的不同（$P>0.05$）。

所以，无应答偏差通过检验，三期的数据都来自于同一样本。

5.5.3　数据描述

三期样本数据如表 5-8 所示。

表 5-8　三期样本数据描述

项目	分类	一期比例/%	二期比例/%	三期比例/%
职位状况	管理层	21	32	29
	部门负责人	27	25	34
	现场管理人员	52	43	37
从业经历	5 年以下	36	27	29
	5～10 年	30	39	33
	10～15 年	24	23	25
	15～20 年	5	6	8
	20 年以上	5	5	5

从表 5-8 可以看出，从反馈者的职位层次上看，约 50％的回答者是部门负责人以上中高管理层，这样的回答者保证了问卷有效性，因为中高级管理层对项目有整体的认识，了解项目全面的信息。从业经验也是保证问卷有效性的一个重要方面，从总体样本来看，10 年以上从业经验者占到 1/3 以上；回馈者丰富的建设项目从业经验极大地增强了问卷信息的准确性和有效性。

5.5.4　变量的验证性因子分析

本书对所有变量进行验证性因子分析，4 个因子：组织间信任、机会主义、组织间关系和项目绩效。

1. 一阶验证性因子分析

（1）组织间信任。组织间信任一阶因子分析的结果如表 5-9 所示，GFI、AGFI、CFI 都大于 0.9，RMSEA 小于 0.08，模型拟合良好。所有构念可测变量的路径系数都大于 0.7，并且每个路径系数都是显著，说明模型的聚合效度（convergent validity)满足要求;组合信度都在 0.6 以上,AVE 都大于0.5,满足要求(表 5-10)。如表 5-11 所示,各个构建之间的相关系数,"项目管理理念和制度"和"组织间沟通系统"的相关系数为 0.66,"项目管理理念和制度"和"合同"的相关系数为 0.64,大于0.60,需要进行二阶因子分析。

表 5-9　组织间信任一阶因子分析拟合指标

拟合指标	测量模型结果	理想水平
χ^2/df	2.120	<3.0
RMR	0.043	< 0.05
GFI	0.911	> 0.90
AGFI	0.904	> 0.90
PGFI	0.623	> 0.50
CFI	0.915	> 0.90
RMSEA	0.068	0.05～0.08

表 5-10　组织间信任各测量指标变量的参数

潜变量		可测变量	因子负荷	信度系数	测量误差	Cronbach's alpha(α)	组合信度	AVE
基于制度的信任	项目管理理念和制度	ST1-1	0.82	0.67	0.33	0.78	0.83	0.63
		ST1-2	0.86	0.74	0.26			
		ST1-3	0.89	0.79	0.21			
		ST1-4	0.74	0.55	0.45			
	组织间沟通系统	SC1-5	0.81	0.66	0.34	0.75	0.84	0.66
		SC1-6	0.75	0.56	0.44			
		SC1-7	0.90	0.81	0.19			
	合同	TC1-8	0.82	0.67	0.33	0.81	0.85	0.68
		TC1-9	0.89	0.79	0.21			
		TC1-10	0.90	0.81	0.19			
基于认知的信任	沟通和互动	CC1-11	0.86	0.74	0.26	0.85	0.86	0.69
		CC1-12	0.92	0.85	0.15			
		CC1-13	0.91	0.83	0.17			
		CC1-14	0.90	0.81	0.19			
	能力	CA1-15	0.80	0.64	0.36	0.79	0.81	0.59
		CA1-16	0.84	0.71	0.29			
		CA1-17	0.89	0.79	0.21			

续表

潜变量	可测变量	因子负荷	信度系数	测量误差	Cronbach's alpha(α)	组合信度	AVE
基于情感的信任 关心对方	TA1-18	0.90	0.81	0.19			
	TA1-19	0.84	0.71	0.29	0.82	0.84	0.62
	TA1-20	0.82	0.67	0.33			
情感投资	TT1-21	0.82	0.67	0.33			
	TT1-22	0.89	0.79	0.21	0.76	0.80	0.61
	TT1-23	0.80	0.64	0.36			

表 5-11　组织间信任各构念之间的相关系数

	项目管理 理念和制度	组织间 沟通系统	合同	沟通和互动	能力	关心对方	情感投资
项目管理 理念和制度	1						
组织间沟通系统	0.66	1					
合同	0.64	0.54	1				
沟通和互动	0.36	0.62	0.17	1			
能力	0.47	0.19	0.19	0.47	1		
关心对方	0.21	0.43	0.17	0.32	0.15	1	
情感投资	0.13	0.37	0.23	0.33	0.18	0.67	1

（2）机会主义。机会主义一阶因子分析的结果如表 5-12 所示，GFI、AGFI、CFI 都大于 0.9，RMSEA 小于 0.08，模型拟合良好。所有构念可测变量的路径系数都大于 0.7，并且每个路径系数都是显著，说明模型的聚合效度（convergent validity）满足要求；组合信度都在 0.6 以上，AVE 都大于 0.5，满足要求（表 5-13）。

表 5-12　机会主义一阶因子分析拟合指标

拟合指标	测量模型结果	理想水平
χ^2/df	1.780	<3.0
RMR	0.041	<0.05
GFI	0.923	>0.90
AGFI	0.914	>0.90
PGFI	0.523	>0.50
CFI	0.917	>0.90
RMSEA	0.067	0.05~0.08

表 5-13　机会主义各测量指标变量的参数

潜变量	可测变量	因子负荷	信度系数	测量误差	Cronbach's alpha(α)	组合信度	AVE
机会主义	OP2-1	0.91	0.83	0.17			
	OP2-2	0.84	0.71	0.29			
	OP2-3	0.86	0.74	0.26			
	OP2-4	0.71	0.50	0.50	0.74	0.82	0.65
	OP2-5	0.91	0.83	0.17			
	OP2-6	0.75	0.56	0.44			
	OP2-7	0.79	0.62	0.38			
	OP2-8	0.83	0.69	0.31			

（3）组织间关系。组织间关系一阶因子分析的结果如表 5-14 所示，GFI、AGFI、CFI 都大于 0.9，RMSEA 小于 0.08，模型拟合良好。所有构念可测变量的路径系数都大于 0.7，并且每个路径系数都是显著，说明模型的聚合效度（convergent validity）满足要求；组合信度都在 0.6 以上，AVE 都大于 0.5（表 5-15），满足要求。如表 5-16 所示，各个构建之间的相关系数大于 0.60，需要进行二阶因子分析。

表 5-14　组织间关系一阶因子分析拟合指标

拟合指标	测量模型结果	理想水平
χ^2/df	2.040	< 3.0
RMR	0.039	< 0.05
GFI	0.914	> 0.90
AGFI	0.900	> 0.90
PGFI	0.523	> 0.50
CFI	0.907	> 0.90
RMSEA	0.072	0.05～0.08

表 5-15　组织间关系各测量指标变量的参数

潜变量	可测变量	因子负荷	信度系数	测量误差	Cronbach's alpha(α)	组合信度	AVE
组织间关系							
稳定	RS3-1	0.85	0.72	0.28			
	RS3-2	0.87	0.76	0.24	0.89	0.82	0.73
	RS3-3	0.90	0.81	0.19			
	RS3-4	0.87	0.76	0.24			
柔性	RR3-5	0.89	0.79	0.21			
	RR3-6	0.81	0.66	0.34	0.85	0.89	0.78
	RR3-7	0.85	0.72	0.28			
	RR3-8	0.92	0.85	0.15			
相互依存	RM3-9	0.85	0.72	0.28			
	RM3-10	0.82	0.67	0.33	0.90	0.88	0.82
	RM3-11	0.93	0.86	0.14			
	RM3-12	0.90	0.81	0.19			

表 5-16　组织间关系各构念之间的相关系数

	稳定	柔性	相互依存
稳定	1		
柔性	0.61	1	
相互依存	0.64	0.65	1

（4）项目绩效。项目绩效一阶因子分析的结果如表 5-17 所示，GFI、AGFI、CFI 都大于 0.9，RMSEA 小于 0.08，模型拟合良好。所有构念可测变量的路径系数都大于 0.7，并且每个路径系数都是显著，说明模型的聚合效度（convergent validity）满足要求；组合信度都在 0.6 以上，AVE 都大于 0.5（表 5-18），满足要求。如表 5-19 所示，各个构念之间的相关系数大于 0.60，需要进行二阶因子分析。

表 5-17　项目绩效一阶因子分析拟合指标

拟合指标	测量模型结果	理想水平
χ^2/df	2.15	<3.0
RMR	0.043	<0.05
GFI	0.913	>0.90
AGFI	0.921	>0.90
PGFI	0.619	>0.50
CFI	0.908	>0.90
RMSEA	0.075	$0.05\sim0.08$

表 5-18　项目绩效各测量指标变量的参数

潜变量		可测变量	因子负荷	信度系数	测量误差	Cronbach's alpha(α)	组合信度	AVE
		PB4-1	0.89	0.79	0.21			
	基本绩效	PB4-2	0.90	0.81	0.19	0.89	0.82	0.73
		PB4-3	0.93	0.86	0.14			
		PM4-4	0.89	0.79	0.21			
		PM4-5	0.94	0.88	0.12			
项目绩效	管理过程	PM4-6	0.83	0.69	0.31	0.85	0.89	0.78
		PM4-7	0.87	0.76	0.24			
		PM4-8	0.91	0.83	0.17			
		PM4-9	0.93	0.86	0.14			
		PC4-10	0.89	0.79	0.21			
	客户满意	PC4-11	0.86	0.74	0.26	0.90	0.88	0.82
		PC4-12	0.91	0.83	0.17			

表 5-19　项目绩效各构念之间的相关系数

	基本绩效	管理过程	客户满意
基本绩效	1		
管理过程	0.63	1	
客户满意	0.67	0.61	1

2. 二阶验证性因子分析

对所有构念进行二阶因子分析,模型拟合指标如表 5-20 所示。

表 5-20　二阶因子 CFA 的拟合指标

拟合指标	测量模型结果	理想水平
χ^2/df	1.82	<3.0
RMR	0.041	<0.05
GFI	0.900	>0.90
AGFI	0.878	>0.90
PGFI	0.624	>0.50
CFI	0.912	>0.90
RMSEA	0.065	$0.05\sim0.08$

如表 5-20 所示，从拟合指标看，$\chi^2/\mathrm{df}=1.82$，小于 3，符合有效拟合标准；RMR＝0.041，小于 0.05，符合有效拟合标准；GFI 为 0.900，CFI 为 0.912，均大于或等于 0.90，符合有效拟合标准；PGFI 为 0.624，大于 0.50，符合标准；RMSEA＝0.065，在 0.05～0.08，符合拟合标准；AGFI＝0.878，小于 0.90，但是大于 0.80，基本符合标准。从上述拟合指标来看，拟合效果很好。二阶因子分析的信度和效度系数如表 5-21 所示。

表 5-21　二阶因子分析信度和效度检验

潜变量		因子负荷	信度系数	测量误差	Cronbach's alpha(α)	组合信度	AVE
基于制度的信任	项目管理理念和制度	0.86	0.74	0.26	0.75	0.84	0.68
	组织间沟通系统	0.87	0.76	0.24			
	合同	0.89	0.79	0.21			
基于认知的信任	沟通和互动	0.92	0.85	0.15	0.79	0.81	0.69
	能力	0.89	0.79	0.21			
基于情感的信任	关心对方	0.90	0.81	0.19	0.86	0.84	0.72
	情感投资	0.82	0.67	0.33			
组织间关系	稳定	0.84	0.71	0.29	0.82	0.79	0.69
	柔性	0.89	0.79	0.21			
	相互依存	0.92	0.85	0.15			
项目绩效	基本绩效	0.95	0.90	0.10	0.95	0.90	0.88
	管理过程	0.94	0.88	0.12			
	客户满意	0.83	0.69	0.31			

从量表信度、个别信度指标、建构信度、AVE,各个拟合优度指标可以看出,整个测量模型信度、效度和拟合效果都达到标准,模型可以接受。

5.6　组织间信任对项目绩效的影响——基于多项式回归和相应曲面法的分析

本书应用多项式回归分析(polynomial regression analysis)去验证假设,不仅研究信任和机会主义的交互作用,还研究预测变量(信任和机会主义)和结果变量(项目绩效)之间的曲线关系。首先把信任和机会主义加入模型;然后把信任和机会的交叉项和平方项加入模型;最后检验关于中介作用的假设。

为验证系数的显著性,在直接检验显著性和表面形状的同时也要观察斜率和曲率[220~222]。应用多项式回归分析的方法,构建二次方程

$$R = b_0 + b_1 T + b_2 O + b_3 T^2 + b_4 TO + b_5 O^2 + e \qquad (5\text{-}1)$$

式中,R 代表组织间关系;T 代表信任;O 代表机会主义;b_1、b_2、b_3、b_4 和 b_5 分别为各变量的非标准化系数。为了检验假设 1 和假设 2,需要研究表面上不同曲线的斜率和曲率,本书中,使用对称和非对称线来代表。在对称线的点上信任和机会主义的值和符号相等;在非对称线的点上信任和机会主义的值相等,但是符号相反。观察在对称线上 (b_1+b_2) 的斜率和 $(b_3+b_4+b_5)$ 的曲率,非对称线上 (b_1-b_2) 的斜率和 $(b_3-b_4+b_5)$ 的曲率。假设 1a 认为当信任水平增加、机会主义减少时,关系水平就会增加,也就是说沿着非对称线有正向的斜率。就如 Edwards 和 Parry[221] 描述的那样,表面的形状随着非对称线可以被式(5-2)所代表的线所代替,在 $T=-O$ 的情况下:

$$R = b_0 + (b_1 - b_2)O + (b_3 - b_4 + b_5)O^2 + e \qquad (5\text{-}2)$$

式中,(b_1-b_2) 代表表面沿非对称线的斜率,其中 T 和 O 代表同样的意义;$(b_3-b_4+b_5)$ 代表沿着非对称线的曲率[222]。期望 (b_1-b_2) 的斜率是正的且显著的,同时曲率 $(b_3-b_4+b_5)$ 是不显著的(平的)。也期望假设 2a 得到相似的结果,当信任水平增加且机会主义减少时,项目绩效相应增加。

假设 1b 认为当信任水平和机会主义都增加到中等水平时,组织间关系将呈递减趋势,之后随着信任水平和机会主义的增加而递增到最高水平。此假设预示前因变量(信任和机会主义)和结果变量(组织间关系)在对称线上呈现 U 形的关系,其中信任和机会主义相等而且符号相同($T=O$)。沿着对称线的表面形状,在 $T=O$ 的情况下,可以用式(5-3)表示

$$R = b_0 + (b_1 + b_2)O + (b_3 + b_4 + b_5)O^2 + e \qquad (5\text{-}3)$$

式中,(b_1+b_2) 代表表面沿对称线的斜率,其中 T 和 O 代表同样的意义;$(b_3+b_4+b_5)$ 代表沿着对称线的曲率[222]。期望斜率 (b_1+b_2) 和曲率 $(b_3-b_4+b_5)$ 都是正的

且显著的。也期望假设 2b 得到相似的结果,当信任水平和机会主义都增加到中等水平时,项目绩效将呈递减趋势,之后随着信任水平和机会主义的增加而递增到最高水平。

最后,需要研究的是组织间关系对于信任-机会主义和项目绩效的中介作用,用以验证假设 3a 和假设 3b。

5.7　结　果　检　验

5.7.1　模型优越性检验与相关分析

因为此模型包含高阶因子,初始模型的 6 个因子不能互相嵌套,所以采用赤池信息量准则(Akaike information criterion, AIC)来对 4 个因子的模型和 6 个因子的模型进行比较。

AIC 是衡量统计模型拟合优良性的一种标准,可以权衡所估计模型的复杂度和此模型拟合数据的优良性。

经检验,6 个因子的初始模型 AIC = −3.85,4 个因子模型的 AIC = −60.2,这个结果表明 4 个因子(带有高阶因子)的模型比 6 个因子的模型具有优越性。因此在后续的回归分析中,就使用 4 个因子的模型。表 5-22 是这些变量的描述统计和相关性。

表 5-22　变量的描述统计和相关性

序号	变　量	均值	方差	1	2	3	4
1	信任(T1)	4.15	0.58	(0.95)			
2	机会主义(T1)	2.23	0.69	−0.49***	(0.89)		
3	组织间关系(T2)	3.89	0.59	0.53***	−0.37***	(0.80)	
4	项目绩效(T3)	3.92	0.65	0.22***	−0.07+	0.26***	(0.92)

$* * * P < 0.001; + P < 0.10$。

5.7.2　回归分析与假设检验

应用 SPSS 软件对构建的三个多项式进行回归分析,得到回归分析结果如表 5-23 和表 5-24 所示。使用 MATLAB 软件把多项式的结果生成相应曲面,如图 5-2 和图 5-3 所示。

表 4-23　组织间关系和项目绩效作为依赖变量的回归结果

依赖变量	X	Y	X^2	XY	Y^2	R^2	沿着对称线的形状		沿着非对称线的形状	
							b_1+b_2	$b_3+b_4+b_5$	b_1-b_2	$b_3-b_4+b_5$
纵向										
组织间关系(T2)	0.27***	−0.16***	−0.02	0.16**	0.10*	0.24***	0.12*	0.29**	0.51***	−0.09
项目绩效(T3)	0.12+	−0.03	−0.14+	0.07	0.19***	0.08***	0.13	0.14	0.16+	−0.06
控制组织间关系变量(T2)										
绩效(T3)	0.07	0.04	−0.15+	0.04	0.17***	0.12***	0.08	0.09	0.05	00.02
交叉										
组织间关系(T1)	0.51***	−0.20***	0.04	0.15***	0.09***	0.39***	0.33***	0.20***	0.68***	−0.03
组织间关系(T2)	0.55***	−0.17***	0.01	0.07+	0.14***	0.43***	0.38***	0.19***	0.65***	0.01
组织间关系(T3)	0.43***	−0.16***	0.09***	0.16***	0.10***	0.29***	0.35***	0.27***	0.62***	0.01
项目绩效(T1)	0.33***	−0.03	0.20***	0.13+	0.10*	0.09***	0.33***	0.35***	0.34***	0.18+
项目绩效(T2)	0.30***	−0.06+	0.01	0.02	0.03	0.10***	0.29***	0.08	0.38***	0.03
项目绩效(T3)	0.37***	−0.02	0.00	−0.05	0.09***	0.08***	0.32***	0.04	0.29***	0.15+
把组织间关系作为控制变量										
项目绩效(T1)	0.18***	0.05	0.19**	0.05	0.08+	0.14***	0.23***	0.29***	0.12*	0.19*
项目绩效(T2)	0.09+	0.02	0.03	0.01	−0.02	0.18***	0.08	0.03	0.05	0.02
项目绩效(T3)	0.12*	0.03	−0.02	−0.10+	0.07+	0.16***	0.15*	−0.04	0.06	0.14+

注:X=信任;Y=机会主义;***$P<0.001$;**$P<0.01$;*$P<0.05$;+$P<0.10$;所有的值都是非标准化的系数。

表 5-24　项目绩效作为依赖变量的回归结果

预测变量	纵向分析		交叉分析					
	T3		T1		T2		T3	
	Step1	Step2	Step1	Step2	Step1	Step2	Step1	Step2
X	0.12^+	0.06	0.32^{***}	0.16^{***}	0.29^{***}	0.08^+	0.28^{***}	0.10^*
Y	-0.03	0.04	-0.03	0.03	-0.08^+	0.02	-0.03	0.05
X^2	-0.13^+	-0.14^+	0.17^{***}	0.15^{**}	0.02	0.04	0.01	-0.01
XY	0.07	0.06	0.12^+	0.04	0.01	0.01	-0.05	-0.08^+
Y^2	0.23^{***}	0.19^{**}	0.11^{**}	0.09^+	0.05	-0.02	0.14^{**}	0.09^+
组织间关系		0.20^{***}		0.31^{***}		0.43^{***}		0.38^{***}
R^2	0.09	0.12	0.15	0.19	0.15	0.22	0.16	0.25
ΔR^2		0.01		0.06		0.09		0.08
F	6.78^{***}	8.21^{***}	27.78^{***}	35.65^{***}	25.97^{***}	35.88^{***}	30.35^{***}	39.45^{***}
ΔF		11.12^{***}		56.17^{***}		96.11^{***}		78.19^{***}

注：$X=$ 信任；$Y=$ 机会主义；$***P<0.001$；$**P<0.01$；$*P<0.05$；$+P<0.10$。

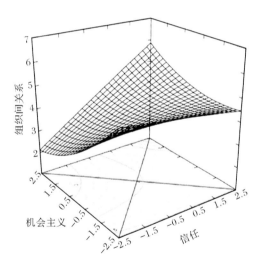

图 5-2　预测变量（信任和机会主义）与组织间关系的相应曲面

　　假设 1 认为信任和机会主义对组织间关系具有联合效应。假设 1a 认为这种联合效应是在非对称线的线性效应。从表 5-23 可以看出，除了信任平方（X^2）的系数不显著，其他系数都是显著的。另外，非对称线的斜率（b_1-b_2）是显著的（$P<0.001$），曲率（$b_3-b_4+b_5$）是不显著的（$P>0.05$）。同时，机会主义（T1）减小、信任水平（T1）增加时，组织间关系也会相应增加，如图 5-2 所示。这样，假设

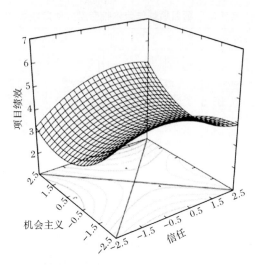

图 5-3　预测变量(信任和机会主义)与项目绩效的相应曲面

1a 就得到了验证。假设 1b 认为在对称线上存在 U 形曲线,如表 4-23 所示,斜率
(b_1+b_2) 和曲率 $(b_3+b_4+b_5)$ 在对称线上都是显著的 $(P<0.05)$。如图 5-2 所示,
同假设情况一致,当信任和机会主义都处于低水平时,组织间关系处于中等水平;
当信任和机会主义处于中等水平时,组织间关系处于最低水平;当信任和机会主
义处于高水平时,组织间关系处于较高水平。组织间关系水平随着信任和机会主
义水平的增加,将呈现先降低后增加的态势,表现出来就是 U 形曲线。这样的结
果证实了假设 1b 的正确性。

　　假设 2 认为信任和机会主义对项目绩效存在联合效应。假设 2a 认为这种线
性效应呈现在非对称线上。如表 5-23 所示,回归分析结果看出,信任 (X) 是显著
的 $(P<0.05)$,机会主义的平方 (Y^2) 是显著的 $(P<0.001)$。斜率 (b_1-b_2) 是显著
的,曲率 $(b_3-b_4+b_5)$ 是不显著的 $(P>0.05)$。正如假设,当信任水平增加、机会主
义减少时,项目绩效水平就相应增加(图 5-3),因此假设 2a 得到验证。假设 2b 认
为信任和机会主义的联合效应呈现在对称线上形成 U 型曲线。从表 5-23 的回归
结果可以看出,斜率 (b_1-b_2) 和曲率 $(b_3-b_4+b_5)$ 都是不显著的 $(P>0.05)$。表明
形状如图 5-3 所示,因此假设 2b 没有得到支持。

　　假设 3 认为组织间关系在信任和机会对项目绩效的影响中起中介作用。假
设 3a 认为组织间关系作为中介变量对项目绩效的影响呈现在非对称线上。根据
以上研究结果,预测变量(信任和机会主义)和中介变量(组织间关系)存在线性关
系(假设 1a),预测变量(信任和机会主义)和依赖变量(项目绩效)存在线性关系
(假设 2a)。如表 5-23 所示,组织间关系和项目绩效存在相关性 $(P<0.001)$。然
而,当组织间关系变量加入方程后,预测变量和依赖变量的相关性就不显著了

（$P>0.05$，见表 5-23），假设 3a 得到支持。假设 3b 认为组织间关系作为中介变量对项目绩效的曲线影响呈现在对称线上。虽然组织间关系变量和项目绩效存在相关关系，但是预测变量和项目绩效之间不存在曲线效应关系，因此假设 3b 的检验不显著，没有获得支持。

5.8　事后比较分析

5.8.1　结果的稳定性检验

　　进行事后分析目的是考察统计结果的稳定性和变量的顺序。如表 5-23 和表 5-24 所示，本书应用了纵向数据和截面数据进行比较。截面数据分析表明预测变量（信任和机会主义）与组织间关系存在线性关系，预测变量（信任和机会主义）与项目绩效也存在线性关系，并且把每期的数据输入后都能得出这样的结论。预测变量（信任和机会主义）和组织间关系在对称线呈现曲线关系，通过每期的数据验证，得到的结果是显著的。但是假设 2b 和假设 3b 没有通过每期的数据检验，未获支持。因此，可以看出此研究的结果是稳定的。

5.8.2　变量的顺序检验

　　对变量的顺序进行检验。有人可能会疑问，信任和机会主义有没有可能成为中介变量或者依赖变量，而不是假设中的预测变量。相反有人还可能会有疑问，项目绩效和组织间关系有没有可能是预测变量。通过变换变量顺利构建了 6 个结构方程模型。预测变量（信任和机会主义）采用第一期的数据，中介变量（组织间关系）采用第二期的数据，依赖变量（项目绩效）采用第三期的数据。模型 1：变量顺序为本书假设和检验的顺序。模型 2：项目绩效作为中介变量，预测变量为信任和机会主义，依赖变量是组织间关系。模型 3：信任和机会主义作为中介变量，组织间关系作为预测变量，项目绩效作为依赖变量。模型 4：项目绩效作为中介变量，组织间关系作为预测变量，信任和机会主义作为依赖变量。模型 5：信任和机会主义作为中介变量，项目绩效作为预测变量，组织间关系作为依赖变量。模型 6：组织间关系作为中介变量，项目绩效作为预测变量，信任和机会主义作为依赖变量。6 个结构方程的变量关系见表 5-25，检验结果见表 5-26。

　　模型 1 和数据拟合良好（CFI＝0.98；SRMR＝0.033；RMSEA＝0.056；AIC＝0.45）；模型 3、模型 5 和模型 6 拟合程度良好；模型 2 和模型 4 拟合程度不好。因此舍弃这两个模型。为了选出最优模型，采用 AIC 作为判别指标，从拟合结果看，模型 1 的 AIC＝0.45，比模型 3（AIC＝5.65）、模型 5（AIC＝5.67）、模型 6（AIC＝4.78）都小。因此通过结构方程的模型比较结果，模型 1 的拟合性最好，这就支持本书所使用的变量顺序。

表 5-25　6 个结构方程模型变量顺序

模型	变量顺序
1	信任/机会主义→组织间关系→项目绩效
2	信任/机会主义→项目绩效
3	组织间关系→信任/机会主义→项目绩效
4	组织间关系→项目绩效→信任/机会主义
5	项目绩效→信任/机会主义→组织间关系
6	项目绩效→组织间关系→信任/机会主义

表 5-26　6 个结构方程模型比较

模型	df	CFI	SRMR	RMSEA	AIC
1	2	0.98	0.033	0.056	0.45
2	2	0.73	0.132	0.267	60.34
3	1	0.95	0.031	0.123	5.65
4	2	0.87	0.123	0.261	55.54
5	1	0.93	0.039	0.132	5.67
6	2	0.94	0.045	0.089	4.78

5.9　本 章 小 结

本章采用了相应曲面法探讨信任和机会主义的联合效应对组织间关系和项目绩效的影响。当信任和机会主义分别对待时,它们都能为关系交换理论和交易费用理论提供强有力的支撑,就像非对称线上的斜率所示的那样,信任水平的增长或机会主义的减少,相应组织间关系水平和项目绩效水平都会增长。此外,用探究人性的本质,去探求信任和机会主义对组织间关系和项目绩效的联合作用时,组织悖论就出现了。如图 5-2 所示,低水平的信任和机会主义将会产生中等水平的组织间关系,高水平的信任和机会主义将会产生高水平的组织间关系,中等水平的信任和机会主义对应最低水平的组织间关系。

低水平信任和机会主义的交易情景下能够孕育出价值增值的组织间关系。就如本书所涉及的业主和承包商的委托代理交易关系,在低水平(社会一般信任)

的条件下,就能产生"还过得去"合作行为,因为交易双方能够意识到机会主义的
风险是最小的。只要交易双方都存有最低限度的信任,那些"良性"的机会主义
(危害性不大的机会主义)也不足以对双方的关系(组织间关系)发展产生障碍。
在通常的委托代理交易情景下,对于理想的交易者而言,完全的确定性和完整的
知识是没有必要的。也就是在正常的社会交易环境下,陌生的委托代理双方基于
最基本的信任(双方都安分守己,不轻易违反合同,所提供资料都是真实有效的)
也能达成一项交易,这样的信任其实是一种对社会系统的信任。此外,在中等程
度的信任和机会主义的情景下将不利于委托代理双方增值关系的发展。这样的
情景很可能传达给交易双方一些混合的信号,都对对方的动机和行为产生了猜疑
和困惑。

　　信任和机会主义对组织间关系的正向曲线效应和组织间关系复杂性的研究
提供了新的方向[181]。高水平的信任就预示着高质量的交易关系,尽管交易一方
知道对方有机会主义的倾向。就如"弹性的信任"(resilient trust)一样,在高水平
的信任程度下,施信方能够为双方的关系表现出更高的承诺,甚至当他认为对方
(受信方)的机会主义行为风险很高时。这样的现象在个人交易行为中也是常见
的,只要合作行为的报酬大于机会主义行为的报酬,交易关系中力量较弱的一方
就会对力量较强的一方主动承担义务并作出承诺。

　　本书研究的结果也印证了一些学者关于信任和机会主义悖论的研究结
论[198,201]:应该利用这个悖论,而不是拒绝和消除,交易双方在高信任和高机会主
义的条件下能够孕育出高质量的价值增值关系,创造良好的项目绩效,从而达到
双方的共赢。

　　本章结合关系交换理论和交易费用理论,探讨了组织间关系是如何发展并保
持的。基于相应曲面法,应用纵向数据和截面数据对四个变量之间的关系进行了
探究,研究表明,信任和交易费用对组织间关系有联合作用,组织间关系还作为预
测变量(信任和机会主义)和结果变量(项目绩效)的中介变量。

第6章 案例分析

业主通过招标选择一个满意的承包商,与之签订工程建设承包合同。业主作为施信方,投标人作为受信方,他们之间能否最终签订合同,初始信任相当重要,业主对投标人的初始信任甚至会起决定性作用。水利工程建设的不确定性、建设工期较长等特征,导致水利工程建设承包合同的不完备性。业主在招投标过程中,尤其需要充分认识初始信任的重要性,选择一个好的承包商,为后期的工程建设打下坚实的基础。

合同签订后,业主和承包商若希望顺利履行合同,达到各自的签约目的,应在初始信任的基础上,进一步维持和加强信任。水利工程建设过程和交易过程重叠在一起,合同的履行过程也是合同不断完善的过程,业主和承包商之间的信任对合同履行的绩效具有较大的影响。

本章结合南水北调工程建设实践,以南水北调中线干线一期工程沁河倒虹吸工程项目的建设为例,结合第 3 章的理论研究,分析初始信任在缔结合同中的应用。同时结合第 4 章的理论研究,分析合同当事人之间的信任对项目绩效的影响。

6.1 沁河倒虹吸工程介绍

6.1.1 工程简介

南水北调中线干线一期工程沁河倒虹吸工程位于河南省温县徐堡镇北、博温公路沁河大桥下游约 300m 处,是南水北调总干渠与沁河的交叉建筑物,建筑物轴线与沁河左堤交叉处堤线桩号约为 K39+320。工程起点桩号 IV9+160,终点桩号 IV10+540。工程是南水北调中线总干渠的重要组成部分,承担着输水任务。设计流量为 265m³/s,加大流量为 320m³/s,概算投资 3.2 亿元,其中土建及机电建安概算投资 2.7 亿元。

沁河倒虹吸工程级别为 I 级,全长 1380m,自起点至终点依次为进口明渠段、进口渐变段、进口闸室段、倒虹吸管身段、出口闸室段、出口渐变段和出口明渠段。进口明渠段长 101.1m,出口明渠段长 95.9m,均为全开挖渠段,纵坡 1/33700,边坡 1/2。渠道过水断面采用现浇混凝土衬砌,衬砌厚度边坡 10cm,底板 8cm。进口渐变段长 60m,底板与侧墙是为分离的混凝土结构,两侧边墙为直线扭曲面。进口闸室段长 12m,为开敞式钢筋混凝土整体结构,分 3 孔,每孔净宽 6.9m。管身段全长 1015m,3 孔箱型预应力钢筋混凝土结构,单孔尺寸 6.9m×6.9m(宽×高),共 67 节,进口斜管身段 4 节,出口斜管身段 5 节,水平管身 58 节。出口闸室段长 24m,为开敞式钢筋混凝土整体结构,分 3 孔,每孔净宽 6.9m。出口渐变段长 69m,底板与侧墙是分离的混凝土结构,两侧边墙为直线扭曲面。附属建筑物:降压站、进(出)口上部房屋结构。金属结构:包括进口检修闸门 2 套;进口检修闸门埋件 3 套;出口弧形闸门 3 套;出口弧形闸门埋件 3 套;出口检修闸门 2 套;出口检修闸门埋件 3 套;进、出口门库埋件 4 套;2×320kN 液压启闭机系统 3 套;50kN-18m 单梁桥式起重机 1 套;2×100kN 电动葫芦启闭系统 2 套。机电设备:Safe CCF+PT 35kV 高压环网柜 5 组;固定分离式低压配电屏 5 面;BL/DP 动力配电箱 3 面;BL/DP 照明配电箱 3 面;65AH/220 直流电源系统 1 套;SC10－125/35、125kVA 变压器 1 台;120kW、400/230V 柴油发电机组 1 台。

　　该工程穿越的沁河是地上悬河,每年的防汛任务非常艰巨,该河段历史上曾经多次出现险情,施工河道主管部门是黄河水利委员会河南河务局。工程施工分三期进行,工期 3 年,其中第一期、第二期需要破除原河道大堤施工。只能利用每年的枯水季节实施,每期施工安排有围堰和导流,汛期必须恢复河道过流断面。因此该段工程施工的最大难点和困难有三个方面:一是施工期防汛任务重,尤其是大堤破除后的防汛;二是工程的进度压力大,要求在汛期到来前完成相应段的施工和恢复行洪河道,第一期和第二期建设还要恢复完成大堤建设,每期土石方开挖量 60 万立方,混凝土浇筑量 5 万立方,倒虹吸结构为一联三孔预应力钢筋混凝土结构;三是恢复大堤建设质量控制难度大,第一期和第二期大堤填筑任务重(大堤高 32m,每期填筑量达到 30 多万立方米),且未经历自然沉降期后就投入度汛,质量要求高。

　　该工程的建设承包合同为综合单价承包合同。项目法人(业主)为南水北调中线干线工程建设管理局,施工承包商为黄河建工集团有限公司。监理单位为华北水电工程监理有限公司,本书作者作为该项目的总监理工程师,亲自参与了招标、签订合同和合同履行过程。

6.1.2 招投标过程简介

1. 第一次招标

2008 年 11 月,沁河倒虹吸工程面向全国公开招标,投标单位多达 30 家。评标过程中,首先进行初步评审,选择响应招标文件相对较好的 10 家潜在投标人,黄河建工集团入围。然后,进行详细评审,主要评审技术标和商务标,本次评审考虑到沁河倒虹吸工程的特点,选择了黄河建工集团作为第一候选中标人。

黄河建工集团是河南河务局的下属单位,是国内一级水利工程总承包单位,具有丰富的穿越河道工程施工经验,且具有较好的施工业绩,尤其是非常熟悉河南省境内黄河流域的河道情况,擅长河道抢险。

但是黄河建工集团以前从来没有参加过南水北调工程建设,这次投标是业主和黄河建工集团第一次接触。

经过评标专家评审,在所有投标人中,其施工组织设计等技术内容最优,但是报价偏高,达到了2.7亿元,已经超过了概算。评标专家组在最后确定第一中标人时,考虑到工程的特点,最终还是确定了黄河建工集团。

待项目法人(业主)将评标结果报国务院南水北调工程建设委员会办公室(以下简称国调办)审批时,国调办认为中标价超过了概算价格,应重新招标。

2. 第二次招标

2009年2月,沁河倒虹吸项目进行了第二次招标,本次投标仍然有30多家施工单位投标,黄河建工集团仍在投标单位之列。第二次招标评标时,重新在南水北调评标专家库中抽选了评标专家并组成了评标委员会,评标委员会中没有一个第一次招标时的评标专家。尽管第一次评标结果遭到了业主主管部门的否定,但是评标专家普遍认为,沁河倒虹吸工程只有黄河建工集团中标,业主的风险才会最小,协调管理才会便利,便于后续合同履行。最终还是黄河建工集团中标。

本次中标价为2.25亿元,并得到了国调办的批准。2009年3月26日,业主向黄河建工集团发出中标通知书。2009年4月10日双方在北京签订了施工合同。

6.1.3　合同履行过程

沁河倒虹吸工程施工合同为综合单价合同,其中土方开挖、基础处理、大堤恢复和建筑物工程等主要项目采用单价承包,单价承包项目占合同额的90%;降排水、临时防护工程、营地及辅助生产等措施项目采用总价承包,总价承包项目占合同额的10%。合同工期36个月,自2009年6月1日~2012年6月1日,分三期施工,第一期施工南侧大堤附近共23节管身及进口闸,第二期施工北侧大堤附近的26节管身及出口闸,第三期施工河床段的18节管身。

合同履行过程中的关键节点目标:①2009年9月1日开始破除南岸大堤,2010年6月15日恢复南岸大堤和行洪河床;②2010年9月1日开始破除北岸大堤,2011年6月15日恢复南岸大堤和行洪河床;③2011年9月1日方可开始主河床段施工,2012年6月15日恢复行洪河床。

合同履行过程中的难点:①基坑开挖深,防渗墙施工标准高。进度压力大;

②施工期防汛任务重,尤其是大堤破除后的防汛;③主体工程施工内容多,包括开挖、基础处理、钢筋和钢绞线制造、安装、混凝土浇筑、预应力施工等,留给主体工程的施工时间非常紧迫,又好又快地实现合同目标任务艰巨;④恢复大堤建设质量控制难度大,第一期和第二期大堤填筑任务重(大堤高 32m,每期填筑量达到 30 多万立方米),且未经历自然沉降期后就投入度汛,质量要求高。

2009 年 6 月 1 日开工后,承包商应当尽快实施防渗墙工程,并在 9 月 1 日开始破除大堤和开挖基坑之前完成防渗等措施项目施工。但是承包商并不积极履行合同,而是借助其上级主管部门的力量,开展相关试验,企图修改初步设计方案,减少基坑的开挖深度,抬高建基面高程。

直到 2009 年 7 月 2 日,业主和监理人下定决心,依据合同采取强硬措施开始整顿承包商,要求承包商更换主要领导。这些措施也引起了其主管部门的高度重视,更换主管领导,重新组建了承包商的施工项目经理部,加大了现场项目经理的处置权力。施工项目经理部下定决心,重塑企业履约形象。自 7 月 3 日起,承包人组建了较强的现场项目部,配备了很好的项目经理,开始认真履行合同。

在后续的施工中,承包商和监理单位、建管单位及设计单位逐步建立良好的信任关系,合同得以顺利履行,合同当事人双方取得了良好的业绩。首先,按照合同节点目标顺利完成各阶段任务,及时恢复了大堤和行洪河床,安全度过了 3 年的汛期;其次,在质量管理的过程中,获得了监理的认可,并多次获得业主和国调办的表彰;另外,在投资控制上,未突破概算,并有效地控制了施工成本;在变更、索赔处理上,大部分内容,合同双方都能协商一致;最后,该项目成为 2009 年以来开工建设的南水北调中线干线工程中唯一按照合同工期完工的项目,也是第一个进行合同移交验收和通水验收的项目,取得了良好的项目绩效。

6.2　初始信任在缔结合同协议中的应用分析

结合第 4 章水利工程建设组织间初始信任产生机制的理论研究,结合对沁河倒虹吸工程两次招标过程,定性地分析初始信任的前因变量引起信任动机,继而导致合同的签订。

6.2.1　初始信任前因变量分析

沁河倒虹吸工程业主对投标单位初始信任的前因变量包括业主的信任倾向、业主的信任信念、投标人特征和业主基于制度的信任。

1. 业主的信任倾向

业主的信任倾向包括善行信任倾向、诚信信任倾向、能力信任倾向、信任姿态。沁河倒虹吸工程的业主是南水北调工程中线干线工程建设管理局,作为项目法人,选择水利行业一级或特级总承包商承包工程的倾向是明确的,尤其是业主已经经历了京石段工程建设,京石段工程建设的成功经验更加强了这种信任倾向。而且评标委员会的委员都是来自水利水电行业的评标专家,他们每一个人对符合资格的水利行业一级或特级总承包商产生信任倾向也是当然的。

2. 业主的信任信念

业主的信任信念包括善行信念、诚实信念、能力信念。经过招标报名预审合格的所有投标单位,业主会建立一个基本判断:①这些投标单位都是大型国有企业,业主代表的也是国家利益,总体看他们应当是善行的;②他们长期从事水利水电工程建设,大多数人是经历过水利水电工程建设锻炼的,总体是正直的;③他们的资质、业绩、财务和人员基本上都能满足工程建设的需要。

3. 投标人特征

作为每一个经过投标资格预审的承包商,应当说他们都具备招标文件所要求的声誉、能力。但是每一个承包商在市场上的声誉是有差别的,如行业信用水平、以往业主的评价、与其合作过的分包公司的评价等。各投标单位的施工能力也存在差异,如有的施工单位擅长筑坝、有的擅长地下工程、有的擅长河道治理工程等。

4. 业主基于制度的信任

南水北调工程的建设,由国务院南水北调办公室直接领导,且国务院领导亲自挂帅。因此南水北调的业主总是相信建设环境是常态的,而且是非常稳定的;同时业主完全信任政府主管部门的资质管理能真实反映其能力、相信国有施工企业内部治理制度是完善的、相信社会信用体系的担保是有效的、行业合同条件是完备的等这些是业主的制度依赖;业主有把握相信公权力的效力,相信我国的法律、法规和规章能够保证合同的顺利履行,相信现有的制度是实现工程交易的主要保障。

6.2.2　初始前因变量导致信任动机

上述的初始信任前因变量会激发信任动机,表现为愿意依赖这些投标单位,同时通过对这些因素的比较,愿意和其中一个比较好的承包商达成交易并支付工程款。

1. 施信方信任倾向的正向影响

业主信任倾向正向影响基于制度的信任。由于业主对投标单位的资格要求,所有投标单位都是水利一级或特级承包商,加上以往的经验,业主的这种信任倾向会使业主更相信制度的作用。业主相信投标单位的投标行为一定是诚信的,投标文件的信息是真实的,按照招标文件所选择的承包商一定是最好的;同时相信中标单位一定会在规则和制度的约束下,信守合同,履行相应的合同义务。因黄河建工集团熟悉黄河流域的情况(基于能力的信任倾向),业主对其基于制度的信任水平高于其他的投标人。

业主信任倾向正向影响业主信任信念。投标单位在报名资料和投标书中所表达的为业主服务、具备社会责任感和承担该工程建设的能力是希望取得业主的信任,进而加强业主的信任信念。而业主设置的投标报名条件和中标条件是业主对投标单位的信任倾向,投标单位按照这些业主设置的条件所进行的承诺符合业主的需要,尤其是投标单位的某些重点承诺(如沁河倒虹吸施工的难点和重点)更强化了业主的信任信念。因此,这种信任倾向正向影响业主的信任信念,尤其是评标委员会强化了对黄河建工集团基于其承诺的信任信念。两次评标都选择黄河建工集团作为中标人,充分说明业主和评标委员会的信任倾向强化了选择黄河建工集团中标的信任信念。

2. 业主信任信念的正向影响

业主信任信念正向影响信任动机。实际上,业主在评标办法和中标条件的文件中,表现了业主和评标委员会对某家投标单位的信任信念最强,一般会选择这家投标单位中标,即激发业主的信任动机。

在沁河倒虹吸工程招标过程中,业主对选择一家能够有效克服沁河倒虹吸施工难点、有效应对沁河度汛问题、能够组织资源快速完成高风险任务的施工企业的信念非常强烈,而黄河建工集团在这些方面的表现恰恰是业主需要的,这样就加强了业主对选择黄河建工集团的信任信念,即使两次招标,业主仍然选择了黄河建工集团中标。

3. 投标单位特征的正向影响

业主在报名条件和招标文件中详细列出了投标单位的特征要求,包括投标单位的声誉和能力。声誉包括企业的社会信用等级、业主的评价、合作伙伴(主要是分包商和银行)的评价。能力主要是企业的业绩、能够组织的资源和可能投入的流动资金等方面。尤其针对本工程的特点提出投标单位必须具备特殊的能力,如沁河倒虹吸项目要求承包人有相应的河道施工和抢险业绩,具备快速组织资源的能力,更重要的是能够得到河道防汛部门的大力支持等。黄河建工集团除了具备其他投标单位都有的特征外,还满足了业主的特殊要求。

黄河建工集团这些独有的特征,进一步加强了业主基于制度的信任,相信黄河建工集团更熟悉河道环境,熟悉黄河水利委员会关于河道管理,尤其是度汛方面的规定。

黄河建工集团的上述特征完全符合业主的需要,有效地和业主产生了共鸣,进一步强化了业主选择黄河建工集团中标的信任信念。第一次招标选择黄河建工集团被国调办否决后,第二次仍然选择了黄河建工集团中标,充分表明了受信方的特征能强化施信方的信任信念。

黄河建工集团的一般特征和特殊特征是业主在招标文件中明确的,业主甚至相信,只有具备了黄河建工集团的这些特征条件,才是业主需要选择的队伍。即投标单位的特征直接导致业主授予合同,这在招标过程中表现相当明确和强烈。黄河建工集团的特征是诱发业主信任动机最直接的因素,也是主要因素。第4章水利建设工程参与方初始信任产生机制的路径模型认为受信方特征是影响信任动机的最主要的因素,实践也证明了这一点。

4. 基于制度信任的正向影响

业主基于制度的信任明确或隐含在招标文件中,包括认为建设环境常态和稳定、制度依赖和制度保障对合同签订和履行的作用。业主在招标文件中明确了投标和合同履行必须依据的法律、法规及规章,同时隐含了业主对公权力在裁决民事问题的效能。即使投标单位采用不均衡报价或者设置合同陷阱等机会主义措施,业主作为国家投资的代表,相信市场是稳定的、制度是完善的,完全可以依据相关的制度削弱或消除这些因素的不利影响。

因此,业主基于制度的信任可以在投标单位响应招标文件的基础上,进一步强化业主信任信念。

同时,业主基于制度的信任可以直接正向影响信任动机,选择业主认为合适的承包商中标。

黄河建工集团是黄河水利委员会系统的承包商,业主相信无论出现何种不利于业主的问题,在采取法律、法规措施之前,还可以通过与其上层沟通来解决问题。因此,基于制度的信任授标给黄河建工集团的信念不会削弱,甚至可以直接诱发授标的动机。

6.2.3 初始信任动机导致合同签订

业主的信任倾向和信任信念、投标人特征及业主基于制度的信任是信任的前因变量,在这些因素的共同影响下,业主对黄河建工集团产生了初始信任动机。

　　黄河建工集团相对其他投标单位,业主选择其作为中标单位有更强的信任倾向、信任信念,其受信方特征更适合承担沁河倒虹吸工程施工,基于制度信任的因素更多,这些因素直接或间接地正向影响业主的信任动机,即便两次招标,业主还是选择了黄河建工集团中标,并与之签订了施工承包合同。

　　经过案例的定性分析,该项目招标确定承包商的信任动机最重要的路径是受信方特征正向影响信任动机。

6.3　当事人之间的信任影响项目绩效的应用分析

　　结合第 5 章组织间信任对水利工程建设项目绩效影响机理的理论研究,对沁河倒虹吸工程合同履行过程进行分析,定性地分析信任和机会主义如何影响组织关系,继而影响项目绩效。

6.3.1　信任和机会主义、组织间关系和项目绩效分析

1. 信任因素

　　工程建设承包合同履行过程中,当事人之间的信任因素包括基于制度的信任、基于认知的信任和基于情感的信任三个方面。

　　基于制度的信任又包括项目管理理念和制度、组织间沟通系统和合同。为顺利履行合同,业主进行了详细的制度设计,建立了完善的组织机构,制定了关于合同管理、质量管理、进度管理和激励措施等方面的制度,并通过不断的培训教育,培养建管人员的建设管理理念。同时依据与施工单位签订的合同,授权专业的监理机构管理合同的履行,建立了业主-监理-承包商和承包商-监理-业主的共同系统。除法律、法规、规章及强制性规范条文必须执行以外,合同采用了水利水电工程的标准示范文本,原文引用了水利水电土建工程通用合同条款,还针对性地明确了合同专用条款和技术条款,再加上已标价的工程量清单(包括单价项目和措施项目)以及中标的施工组织设计等主要合同内容。

　　基于认知的信任包括沟通和互动因素、能力因素。尽管合同约定业主和承包商的合同之间沟通与互动是通过监理的,但承包商在协助业主解决征迁、协调周边建设环境等方面应和业主之间建立直接的沟通渠道。在履约过程中,业主和承包商应充分证明能够履行各自的义务,例如,业主能够有效地提供征迁条件,有足够的资金用于预付款和进度款的支付;承包商有足够的能力完成合同任务,尤其是业主关注的重点和难点。

　　基于情感的信任包括关心对方因素和情感投资因素。合同内容是在假设当事人都不可信任的前提下约定的,即"先小人、后君子"的约定。合同履行过程中,

当事人双方若能互相关心、体谅对方，对双方都是有利的。例如，一方面，业主考虑承包商的资金供应问题，和监理单位一同合法依规地加快支付和变更索赔的处理；另一方面，承包商利用其熟悉现场和周边环境的优势，积极主动地协助业主解决征迁和当地环境影响问题，就能够大大地降低交易成本，实现各自的绩效目标。由于合同当事人的主要从业人员都长期从事水利水电工程建设，他们之间有一定的情感基础，若当事人双方能够不断加强情感投资，对合同履行绩效的实现也是有利的。

2. 机会主义因素

合同履行过程中，业主和承包商目标的不一致性，导致他们都可能有机会主义行为动机，当事人应把控机会主义，才能实现各自的履约绩效。机会主义因素一般包括：业主方面，隐瞒信息、利用买方地位的霸道行为；承包商方面，隐瞒信息、履约不诚信、虚报工程计量、偷工减料、以次充好、恶意变更索赔等。

3. 组织间关系状态

组织间关系状态包括稳定、柔性和相互依存三种状态。稳定状态是指当事人之间致力于保持良好的工作关系、互相构建伙伴关系、期望保持长期合作关系、确立"建一个工程交一方朋友"的信念等。

柔性状态是指面对特殊的问题或环境时，愿意作出调整帮助对方、合同条款是开放的、愿意基于合同条款协商处理困难等。相互依存状态是指在一定时间内成本和收益不均匀，但是可以在整个工期内平衡，利益和收入与努力成正比，在工作中都能本着公平回报和成本节约的态度。

4. 项目绩效

项目绩效包括基本绩效和管理过程绩效。基本绩效包括工程按时完工、工程质量满足要求、工程成本在预算范围内。这是工程建设中当事人合同约定的主要目标。

管理过程绩效包括工程建设进展平稳、工期顺延索赔得当、阶段成本得到有效控制、避免不必要的时间消耗、缺陷可控、当事人积极配合、建造成本合理、投资转化为固定资产、用户满意等。

6.3.2　信任和机会主义影响项目绩效

按照第 5 章研究结论，低水平的信任和机会主义将会产生中等水平的组织间关系，高水平的信任和机会主义将会产生高水平的组织间关系，中等水平的信任和机会主义对应最低水平的组织间关系。以组织间关系为中介变量，信任和机会主义线性影响项目绩效。本章以沁河倒虹吸工程合同履约来定性分析这个结论。

1. 低水平的信任和机会主义

沁河倒虹吸工程开工伊始,承包商和业主之间的信任和机会主义都处于低水平,在履约过程中首先表现出来的机会主义水平高于信任水平。承包商利用自己作为河道管理部门下属单位的关系优势,及自己熟悉河道的地形、地质和水情等信息优势,产生了机会主义动机,采用机会主义的行事方式,不积极履行合同,企图修改设计,降低自己的履约难度,期望获得超过合同约定的利益。业主和监理采取了果断的措施以后,承包人意识到,若不提高当事人之间的信任水平,将很难获得业主的认可。当事人又回到合同约定的条件下,改变了履约的组织方式和工作方式,经过一段时间的努力,当事人之间的组织状态得到较好调整,达到了稳定状态,管理过程的绩效发生好转。

随着工程建设的进展,尤其是承包人利用自己的行业优势(河道管理部门下属单位)在约定的节点目标(2009 年 9 月 1 日)下,提前开始破除南岸大堤。破除大堤时,当地的温县河务局、博爱河务局调动了相应的物资、设备用以防范破堤后可能发生的意外风险。承包商的这些信任行为,进一步加强了当事人的信任,组织间的关系进一步好转,达到柔性状态,管理过程的绩效不断好转。

2010 年 5 月 31 日,承包商提前 15 天完成了一期工程施工,并高质量地完成了南岸大堤和行洪河床的恢复,一期工程圆满完成。这时业主和承包商之间的组织关系达到相互依存状态,取得了良好项目绩效。

在沁河倒虹吸工程第一期建设过程中,当事人的组织间关系先低后高,逐步达到了中等水平,双方获得了较好的管理过程绩效。

2. 高水平的信任和机会主义

2010 年 6 月,沁河倒虹吸工程一期工程完成以后,当事人双方的信任达到了高水平,组织间的状态也达到了高水平。尽管合同双方都取得了明显的绩效,但是业主的绩效显得更为明确和直接,业主通过一期工程的成功实践,有把握相信其基本绩效(质量、工期和费用)能够实现,但是承包商的基本绩效(能否盈利)并不能直接体现。

此时,承包商的机会主义开始出现,他们以河道主管部门的名义提出了超过合同约定标准来加固恢复后的大堤,左右岸大堤加固措施费用达到 1200 万元。一方面,其河道管理部门可以获利,另一方面,新增措施费用按照变更处理,承包商利润增加。由于双方此时建立了良好的信任关系,组织间的状态达到了相互依存的高水平状态,业主及时组织了专家评估,认为加固大堤不仅有利于河道防洪安全,还对南水北调沁河倒虹吸工程的安全运行有利,业主决策采用承包商的建议,但经过设计、监理和主管部门的多次评审,将加固费用调整为700万元。当事人之间的信任和机会主义都处于高水平,双方可以充分利用彼此的信任,克服各自绩效目标不一致所带来的机会主义,使得组织间关系维持在高水平,双方都会获得良好的绩效。

　　后续的第二期和第三期施工,业主和黄河建工集团的信任维持在高水平,组织间关系也保持着高水平的相互依存关系,最终承包商提前两个月完成主体工程,工程质量始终获得业主和政府监管部门的高度评价。而且合同履行过程中的索赔、变更都能够及时处理并支付给承包商,承包商不仅获得了合理的利润,还营造了良好的声誉和业绩,获得了业主的认可。

　　值得一提的是,由于当事人之间建立了互信的关系,为黄河建工集团在南水北调工程后续招标中获得更多的项目打下了坚实的基础。在南水北调中线工程后续招标中,黄河建工集团连中3个标段,合同额超过10亿元,在其历史上是少有的现象。

　　上述案例分析表明,在沁河倒虹吸工程第一期建设过程中,合同当事人处于低水平的信任和机会主义,产生了中等水平的组织间关系,双方获得较好的管理过程绩效。在沁河倒虹吸工程第二期和第三期建设过程中,合同当事人处于高水平的信任和机会主义,产生了高水平的组织间关系,双方不仅获得了很好的管理过程绩效,而且获得了理想的项目绩效。

第7章　研究结论与启示

7.1　研究结论

本书在信任、交易费用相关理论的既有研究成果基础上,描述水利工程建设组织间跨层次协同深化机制。揭示水利工程建设组织间初始产生机制、工程建设组织间信任对交易活动以及项目绩效的影响机理。

(1) 水利工程建设组织间信任跨层次协同演化。从施信方和受信方两个维度,个人、群体和组织三个层次研究信任的层次性。把信任发展的过程分为产生、维持和破坏三个阶段。两个组织个体的人际间信任能够作为群体间或者组织间信任发展的基础和组织环境。相反,信任的历史环境和两个组织间的合作关系可能会使代表各自组织的管理人员团体间或者使两个企业管理人员个人间产生信任。这种在个体间、群体间和组织间不同层面信任的协同关系也就是"信任的协同演化"。一个层次的信任将会随着时间而变化,并由此成为另一个层次动态信任发展的基础和组织环境。个体间、群体间和组织间不同层次的信任存在双向影响的协同关系。

(2) 揭示水利工程建设组织间初始信任的产生机制。把信任倾向、信任信念、受信方特征和基于制度的信任作为初始信任动机产生的前因变量。通过构建水利工程建设组织间信任的前因变量和信任动机之间的因果关系模型,应用结构方程、AMOS 软件进行实证研究。实证研究的结果发现,施信方信任倾向能促进其本身对制度的信任,还能加强其本身的信任信念,但是施信方的信任倾向不能直接产生信任动机。施信方的信任动机要通过对"制度的信任"和"信任信念"的间接影响才能产生。施信方越是正向的信任倾向(善行信任和信任姿态),越能够使其本身加强这种倾向,形成信任信念,并最终形成信任动机;如果施信方具有对制度的基本信任(制度保障和依赖),那么这种基于对制度的信任就会加强其信任信念的产生,从而促进其信任动机的产生;越是正向的受信方特征(良好的声誉和能力),施信方的信任信念就会越得到增强,并最终形成信任动机。只有那些优势的动机才能转化为行为,初始信任的认知过程就是对信任动机的激化过程,在信任动机被激化为优势动机时,施信方就会作出在不确定性条件下的风险决策,产生信任行为。

（3）揭示水利工程建设组织间信任对项目绩效的影响机理。以组织间信任和机会主义为预测变量，组织间关系为中介变量，项目绩效为结果变量，构建组织间信任和机会主义对组织间关系影响的多项式回归假设模型，构建组织间信任和机会主义对项目绩效影响的多项式回归假设模型，以组织间关系为中介变量，研究组织间关系和机会主义对项目绩效的影响机理。当信任和机会主义都处于低水平时，组织间关系处于中等水平；当信任和机会主义处于中等水平时，组织间关系处于最低水平；当信任和机会主义处于高水平时，组织间关系处于较高水平。组织间关系水平随着信任和机会主义水平的增加，呈现先降低后增加的态势，表现出来就是 U 型曲线。当信任水平增加、机会主义减少时，项目绩效水平就相应增加。以组织间关系为中介变量，信任和机会主义对项目绩效的线性影响将反映在非对称线上。

7.2　研　究　启　示

本书主要从业主的视角，研究在水利工程建设中组织间初始信任是如何产生的，以及组织间存在信任关系之后，又是如何影响项目绩效的。从组织悖论的角度出发，为建设项目组织间关系的研究提供了新的方向；基于相应曲面法研究变量之间的关系，也为组织行为的研究提供了新的研究方法。本书基于关系交换理论和交易费用经济学，从组织间关系中信任和机会主义的悖论出发，研究依赖变量（信任和机会主义）是如何通过中介变量（组织间关系）对预测变量（项目绩效）产生影响的。研究结果表明，在组织间关系和项目绩效之间存在显著的相关性。此研究成果也和其他学者的研究结果基本一致，交易双方的关系质量对组织绩效存在正向的影响。此课题不仅采用过去常用的纵向数据研究变量之间的关系，更重要的是以相应曲面法为研究工具，以组织间关系为中介变量，研究信任和机会主义的联合作用对项目绩效的影响。

同时，本书也为工程建设实践提供了可借鉴的绩效改善解决方案。业主和承包商的高层管理人员应该努力创造并保持可持续的、信任的合作关系，并要防范对方可能的机会主义道德风险（对对方的机会主义行为保持警觉，并监督对方行为），也可以通过双方合作性的沟通来提高组织间的关系质量，通过激励机制鼓励和奖赏合作与信任行为，同时要对组织中违反信任的行为及时纠正。由于组织间关系中的信任和机会主义水平是随着双方合作时间的增加不断变化的，管理者应该发挥强有力的作用，来对组织间关系进行有效的管理，为组织成员培养恰当的行为模式，在不同的信任和机会主义水平下采用恰当的行为，这样才能使双方的关系得以持续，并达到共赢的结果。

仅从关系交换理论和交易费用经济学得到的结论去指导现实的管理活动是

远远不够的,管理者必须明白,只有在信任和机会主义都处于高水平,或者都处于低水平的情景下,信任和机会主义的联合作用才能对组织间关系的改善起到作用。值得交易双方格外注意的是,中等程度的信任水平和机会主义将会使双方的关系转向猜忌、怀疑和困惑的境地,因此要尽量避免这种情况的发生。当然,交易双方高水平的信任是从低水平的信任发展而来的,也就是说,在双方信任关系演化的中期最容易出现双方互相猜疑、困惑的情况,此时,双方要特别注意自己的行为,并随时观察对方的动向,如果有一方采取了机会主义行为,双方的信任关系就会迅速湮灭。因此,为了使管理人员能够做到以上的建议,一个非常重要的前提是,他们应该知道目前双方的信任和机会主义是处于"高水平"、"低水平"还是"中等水平"。

7.3　研究的不足之处

研究的不足之处主要体现在以下三个方面:

(1) 数据的收集仅是基于业主单位。如果能够收集承包商的数据,有可能得出不一样的结论,再把来自承包商和业主的研究结果进行对比,将会使研究结果更加丰富和坚实。

(2) 本书只研究了业主和承包商之间的信任关系对项目绩效的影响,如果把承包商和分包商的信任关系加入模型,会得到什么样的研究结果,这将是进一步研究的方向。

(3) 问卷设计的科学性和全面性。关于信任的研究,每个学者都提出自己的测量问卷,难以达成统一,每份问卷在一定程度上都是科学的,但是每个行业都有其特殊之处,因而很难达成统一。水利工程建设行业的问卷能否适用于公路、铁路、市政行业呢? 这还需要进一步研究。

参 考 文 献

[1] 乐云,蒋卫平. 建设工程项目中信任产生机制研究[J]. 工程管理学报,2010,24(3):313—317.

[2] 李慧敏,王卓甫. 建设工程交易的研究范式[J]. 华北水利水电学院学报,2012,33(4):12—18.

[3] 徐韫玺,王要武,姚兵. 基于 BIM 的建设项目 IPD 协同管理研究[J]. 土木工程学报,2011,44(12):138—143.

[4] Moorman C, Deshpande R, Zaltman G. Factors affecting trust in market research relationships[J]. Journal of Marketing,1993,57(1):81—101.

[5] Inkpen A C,Currall S C. The co-evolution of trust,control and learning in joint ventures[J]. Organization Science,2004,15 (5):586—599.

[6] Wood G,McDermott P, Swan W. The ethical benefits of trust-based partnering:The example of the construction industry [J]. Business Ethics: A European Review, 2002, 11(1):4—13.

[7] 彭泗清. 信任的建立机制:关系动作与法制手段[J]. 社会学研究,1999,(2):55—68.

[8] Latham M. Constructing the team:Final report of the joint government/industry review of procurement and contractual arrangements in the United Kingdom Construction industry [M]. London:HMSO,1994.

[9] Egan J. Rethinking construction:The report of the construction task force to the deputy prime minister,John Prescott,on the scope for improving the quality and efficiency of UK construction[R]. London:Department of the Environment,Transport and the Regions,1998.

[10] Cook E L,Hancher D E. Partnering:Contracting for the future[J]. Journal of Management in Engineering,1990,6(4):431—446.

[11] Black C,Akintoye A,Fitzgerald E. An analysis of success factors and benefits of partnering in construction[J]. International Journal of Project Management,2000,18(6):423—434.

[12] De Vilbiss C,Leonard P. Partnering is the foundation of a learning organization[J]. Journal of Management in Engineering,2000,16(4):47—57.

[13] Wong E S,Then D,Skitmore M. Antecedents of trust in intraorganizational relationships within three Singapore public sector construction project management agencies[J]. Construction Management and Economics ,2000,18(7):797—806.

[14] Kwan A Y,Ofori G. Chinese culture and successful implementation of partnering in Singapore's construction industry[J]. Construction Management and Economics,2001,19(6),619—632.

[15] Zaghloul R,Hartman F T. Reducing contract cost:The trust issue[C]// AACE International Transactions,Portland,USA,2002.

[16] Cheung S O, Ng S T, Wong S P, et al. Behavioral aspects in construction partnering[J]. International Journal of Project Management, 2003, 21(5):333—343.

[17] Smyth H. Developing client-contractor trust: A conceptual framework for management in project working environments[C] // http://www. crmp. net /papers/Trust% 20 Framework% 20for%20Management%20in%20Construction. pdf. 2003.

[18] Zaghloul R, Hartman F. Construction contracts: The cost of mistrust[J]. International Journal of Project Management, 2003, 21(6):419—424.

[19] Bayliss R, Cheung S O, Suen C H, et al. Effective partnering tools in construction: A case study on MTRC TKE contract 604 in Hong Kong[J]. International Journal of Project Management, 2004, 22(3):253—263.

[20] Huemer L. Activating trust: The redefinition of roles and relationships in an international construction project[J]. International Marketing Review, 2004, 21(2):187—201.

[21] Kadefors A. Trust in project relationships -inside the black box[J]. International Journal of Project Management, 2004, 22(3):175—182.

[22] Wong S P, Cheung S O, Ho K M. Contractor as trust initiator in construction partnering-a prisoner's dilemma perspective[J]. Journal of Construction Management, 2005, 131(10): 1045—1053.

[23] Wong S P, Cheung S O. Trust in construction partnering: Views from parties of the partnering dance[J]. International Journal of Project Management, 2004, 22(6):437—446.

[24] Wong S P, Cheung S O. Structural equation model on trust and partnering success[J]. Journal of Management in Engineering, 2005, 21(2):70—80.

[25] Luhmann N. Trust and Power[M]. New York: Wiley, 1979.

[26] Lewis J D, Weigert A. Trust as a social reality[J]. Social Forces, 1985, 63(4):967—985.

[27] McAllister D J. Affect-and cognition-based trust as foundations for interpersonal cooperation in organizations[J]. Academy of Management Journal, 1995, 38(1):24—59.

[28] Rousseau D M, Sitkin S B, Burt R S, et al. Not so different after all: A cross-discipline view of trust[J]. Academy of Management Review, 1998, 23(3):393—404.

[29] Hartman T. The role of trust in project management[C] // Proceeding of the PMI Research Conference,. Project Management Institute, Pennsylvania, USA, Huemer, 2000.

[30] Kramer R M. Trust and distrust in organizations: Emerging perspectives, enduring questions[J]. Annual Review of Psychology, 1999, 50:569—598.

[31] Huemer L. Activating trust: The redefinition of roles and relationships in an international construction project[J]. International Marketing Review, 2004, 21(2):187—201.

[32] Dubois A, Gadde L E. Supply strategy and network effects-purchasing behaviour in the construction industry[J]. European Journal of Purchasing & Supply Management, 2000, 6(3/4):207—215.

[33] Thompson I, Cox A, Anderson L. Contracting strategies for the project environment-a programme for change[J]. European Journal of Purchasing & Supply Management, 1998,

4(1):31—41.

[34] Jannadia M O, Assaf S, Bubshait A, et al. Contractual methods for dispute avoidance and resolution(DAR)[J]. International Journal of Project Management, 2000, 18(1):41—49.

[35] Meyerson D, Weick K E, Kramer R M. Swift trust and temporary groups[A] // Kramer R M, Tyler T R. Trust in Organizations: Frontiers of Theory and Research. Thousand Oaks, CA: Sage Publications, 1996:166—195.

[36] McKnight D H, Cummings L L, Chervany L. Initial trust formation in new organizational relationships[J]. Academy of Management Review, 1998, 23(3):473—490.

[37] Kanawattanachai P, Yoo Y. Dynamic nature of trust in virtual teams[J]. Journal of Strategic Information System, 2002, 11(3—4):187—213.

[38] 王垚, 尹贻林. 工程项目信任、风险分担及项目管理绩效影响关系实证研究[J]. 软科学, 2014,(5):101—104,110.

[39] 杜亚灵, 闫鹏, 尹贻林, 等. 初始信任对工程项目管理绩效的反向研究:合同柔性、合同刚性的中介作用[J]. 预测, 2014,(5):23—29.

[40] Khalfan M M A, McDermott P, Swan W. Building trust in construction projects[J]. Supply Chain Management: An International Journal, 2007, 12(6):385—391.

[41] Munns A K. Potential influence of trust on the successful completion of a project[J]. International Journal of Project Management, 1995, 13(1):19—24.

[42] Khalfan M M A, McDermott P, Swan W. Building trust in construction projects[J]. Supply Chain Management: An International Journal, 2007, 12(6):385—391.

[43] Pinto J K, Slevin D P, English B. Trust in projects: An empirical assessment of owner/contractor relationships [J]. International Journal of Project Management, 2009, 27:638—648.

[44] Dyer J H, Chu W. The role of trustworthiness in reducing transaction costs and improving performance: Empirical evidence from the United States, Japan and Korea[J]. Organization Science, 2003, 14(1):57—68.

[45] 蒋卫平, 张谦, 乐云, 等. 工程项目中信任的产生与影响——基于承包商方视角[J]. 西安建筑科技大学学报(自然科学版), 2012, 44(1):97—102.

[46] Lau E, Rowlinson S. Interpersonal trust and interfirm trust in construction projects[J]. Construction Management and Economics, 2009, 27(6):539—554.

[47] 蒋卫平, 张谦, 乐云. 基于业主方视角的工程项目中信任的产生与影响[J]. 工程管理学报, 2011, 25(2):177—181.

[48] 尹贻林, 徐志超, 孙春玲. 信任与控制对项目绩效改善作用的研究[J]. 技术经济与管理研究, 2013, 12:3—8.

[49] Das T K, Teng B S. Between trust and control: Developing confidence in partner cooperation in alliances[J]. Academy of Management Review, 1998, 23(3):491—512.

[50] 李东红, 李蕾. 组织间信任理论研究回顾与展望[J]. 经济管理, 2009, 31(4):173—177.

[51] Zaheer A, McEvily B, Perrone V. Does trust matter? Exploring the effects of inter-organiza-

tional and interpersonal trust on performance[J]. Organization Science, 1998, 9(2): 141—159.

[52] Das T K, Teng B S. Between trust and control: Developing confidence in partner cooperation in alliances[J]. Academy of Management Review, 1998, 23(3): 491—512.

[53] Lumineau F, Quélin B. An empirical investigation of interorganizational opportunism and contracting mechanisms[J]. Strategic Organization, 2012, 10(1): 55—84.

[54] Gulati R, Nickerson J. Interorganizational trust, governance choice and exchange perform-ance[J]. Organization Science, 2008, 19(5): 688—708.

[55] Dolnicar S, Hurlimann A. Drinking water from alternative water sources: Differences in beliefs, social norms and factors of perceived behavioural control across eight Australian locations[J]. Water Science and Technology, 2009, 60(6): 1433—1444.

[56] Pirson M, Malhotra D. Foundations of organizational trust: What matters to different stake-holders[J]. Organization Science, 2011, 22(4): 1087—1104.

[57] 唐文哲, 强茂山, 陆佑楣, 等. 基于伙伴关系的水电企业流域开发管理研究[J]. 水力发电学报, 2008, 27(3): 1—5.

[58] Diallo A, Thuillier D. The success of international development projects, trust and communi-cation: An African perspective[J]. International Journal of Project Management, 2005, 23(3): 237—252.

[59] 尹贻林, 徐志超. 工程项目中信任、合作与项目管理绩效的关系——基于关系的治理视角[J]. 北京理工大学学报(社会科学版), 2014, 16(6): 41—50.

[60] Eccles R G. The quasi-firm in the construction industry[J]. Journal of Economic Behavior & Organization, 1981, 2(4): 335—357.

[61] Gunnarson S, Levitt R E. Is a building construction project a hierarchy or a market? [C]// Proceedings of the Seventh World Congress of Project Management, Copenhagen, Denmark, 1982.

[62] Reve T, Levitt R E. Organization and governance in construction[J]. International Journal of Project Management, 1984, 2(1): 17—25.

[63] Winch G. The construction firm and the construction project: A transaction cost approach [J]. Journal of Construction Management and Economics, 1989, 7(4): 331—345.

[64] Woodward J. Industrial Organization: Theory and Practice[M]. London: Oxford University Press, 1965.

[65] Walker A, Wing C K. The relationship between construction project management theory and transaction cost economics [J]. Engineering, Construction and Architectural Management, 1999, 6(2): 166—176.

[66] Brokmann C. Transaction cost in relationship contracting[J]. AACE International Transac-tions. 2001, 7: 1—6.

[67] Turner J R, Simister S J. Project contract management and a theory of organization[J]. International Journal of Project Management, 2001, 19: 457—464.

［68］Winch G M. Governing the project process：A conceptual framework［J］. Construction Management & Economics，2001，19：799—808.

［69］Müller R，Turner J R. The impact of principal-agent relationship and contract type on communication between project owner and manager［J］. International Journal of Project Management，2005，23(5)：398—403.

［70］Whittington J M. The transaction cost economics of highway project delivery：Design-bulid contracting in three states［PhD］. Berkelay：University of California，2008.

［71］邢会歌，王卓甫，尹红莲. 考虑交易费用的工程招标机制设计［J］. 建筑经济，2008，(8)：87—89.

［72］王群，尹贻林. 工程项目管理模式的经济学思考［J］. 项目管理技术，2005，(2)：57—59.

［73］王卓甫，陈靓，陈姝. 工程交易中业主方管理方式的经济学分析［J］. 软科学，2008，22 (1)：9—11.

［74］Love P E D，Gunasekaran A，Li H. Concurrent engineering：A strategy for procuring construction projects［J］. International Journal of Project Management，1998，16 (6)：375—383.

［75］Swan W，Khalfan M. Mutual objective setting for partnering projects in the public sector［J］. Engineering，Construction and Architectural Management，2007，14(2)：119—130.

［76］Chan A P C，Scott D，Lam E W M. Framework of success criteria for design build projects［J］. Journal of Management in Engineering，2002，18(3)：120—128.

［77］Beatham S，Anumba C，Thorpe T，et al. KPIs：A critical appraisal of their use in construction［J］. Benchmarking：An International Journal，2004，11(1)：93—117.

［78］Chan A P C，Chan A P L. Key performance indicators for measuring construction success［J］. Benchmarking：An International Journal，2004，11(2)：203—221.

［79］Chan A P C. Determinants of project success in the construction industry of Hong Kong［PhD］. Adelaide：University of South Australia，1996.

［80］Stevens J D. Blueprint for measuring project quality［J］. Journal of Management in Engineering，1996，12(2)：34—39.

［81］Lim C S，Mohamed M Z. Criteria of project success：An exploratory re-examination［J］. International Journal of Project Management，1999，17(4)：243—248.

［82］Atkinson R. Project management：Cost，time and quality，two best guesses and a phenomenon，its time to accept other success criteria［J］. International Journal of Project Management，1999，17(6)：337—342.

［83］Department of the Environment，Transport and the Regions (DERT). KPI report to the minister for construction［R］. UK：KPI Working Group，2000.

［84］Ceylan B K. Determinants of project performance in the Russian construction industry：A strategic project management perspective［R］. Moscow：Construction Project Management Group，2010.

［85］Enshassi A，Mohamed S，Abushaban S. Factors affecting the performance of construction projects in the Gaza Strip[J]. Journal of Civil Engineering and Management,2009,15(3): 269—280.

[86] Odusami K T,Iyagba R R O,Omirin M M. The relationship between project leadership, team composition and construction project performance in Nigeria[J]. International Journal of Project Management,2003,21(7):519—527.

[87] Zhang L Y,Fan W J. Improving performance of construction projects:A project manager's emotional intelligence approach[J]. Engineering,Construction and Architectural Management,2013,20(2):195—207.

[88] Chua K H,Kog Y C,Loh P K. Critical success factors for different project objectives[J]. Journal of Construction Engineering and Management,1999,125(3):142—150.

[89] Chan A P C,Ho D C K,Tam C M. DB project success factors-multivariate analysis[J]. Journal of Construction Engineering and Management,2001,127(2):93—100.

[90] Schaufelberger J E. Success factors for design-build contracting[J]. Construction Research Congress 2003,2003:1—7.

[91] Lam E W M,Chan A P C,Chan D W M. Determinants of successful design-build projects [J]. Journal of Construction Engineering and Management,2008,134(5):333—341.

[92] Chen Y Q,Zhang Y B,Liu J Y,et al. Interrelationships among critical success factors of construction projects based on the structural equation model[J]. Journal of Management in Engineering,2012,28(3):243—251.

[93] NSW Department of Public Works and Services. C21 Construction Contract (2nd Ed.)[S]. New South Wales,1999.

[94] Cheung S O,Suen H C H,Cheung K K W. PPMS:A Web-based construction project performance monitoring system[J]. Automation in Construction,2004,13(3):361—376.

[95] Gyadu-Asiedu W. Assessing construction project performance in Ghana:Modeling practitioners' and Clients' perspectives [D]. Eindhoven:Technology University Eindhoven,2009.

[96] Williamson O E. 资本主义的经济制度[M]. 段毅才,王伟译. 北京:商务印书馆,2007.

[97] 约翰·克劳奈维根. 交易成本经济学及其超越[M]. 朱舟,黄瑞虹译. 上海:上海财经大学出版社,2002.

[98] Williamson O E. The Economic Institutions of Capitalism:Firms Markets,Relational Contracting[M]. New York and London:Free Press,1985.

[99] Noorderhaven N G. Trust and transactions:Transaction cost analysis with a differential behavioral assumption[J]. Tijdschrijt voor Economie en Management,1995,15:5—18.

[100] Bromiley P,Cummings L L. Transaction costs in organizations with trust[R]. Working Paper,Carlson School of Management,University of Minnesota,Minneapolis,1992.

[101] Ring P S,Van de Ven A H. Structuring cooperative relationships between organizations [J]. Strategic Management Journal,1992,13(7):483—498.

[102] Ring P S,Van de Ven A H. Developmental processes of cooperative interorganizational

relationships[J]. Academy of Management Review,1994,19(1):90—118.

[103] Ligthart P E M, Lindenberg S. Ethical regulation of economic transactions: Solidarity frame versus gain-maximization frame[A]// Warneryd K E, Lewis A. Ethics and Economic Affairs. London: Routledge,1994.

[104] Cox T H, Lobel S A, McLeod P L. Effects of ethnic group cultural differences on cooperative and competitive behavior on a group task[J]. Academy of Management Journal,1991, 34(4):827—847.

[105] Butler J K Jr. Toward understanding and measuring conditions of trust: Evolution of a condition of trust inventory[J]. Journal of Management,1991,17(3):643—663.

[106] Saussier S. Transaction costs and contractual incompleteness: The case of électricité de france[J]. Journal of Economic Behavior and Organization,2000,42(2):189—206.

[107] Winch G M. Managing construction projects[M]. Hoboken: Wiley Blackwell,2002.

[108] 黄京焕,刘刚强,鞠其凤. 水电工程 EPC 总承包特点及分析[J]. 四川水利发电,2007, 26(2):5—8.

[109] Bazerman M. Judgment in Managerial Decision Making[M]. New York: John Wiley,2001.

[110] Bar Tal D. Group Beliefs[M]. New York/Berlin: Springer-Verlag,1990.

[111] Hackman J R. Learning more by crossing levels: Evidence from airplanes, hospitals and orchestras[J]. Journal of Organizational Behavior,2003,24(8):905—922.

[112] Huber G P. A theory of the effects of advanced information technologies on organizational design, intelligence and decision making[J]. Academy of Management Review, 1990, 15(1):47—71.

[113] Barney J, Hansen M H. Trustworthiness as a source of competitive advantage[J]. Strategic Management Journal,1994,15(S):175—190.

[114] Doz Y. The evolution of cooperation in strategic alliances: Initial conditions or learning processes[J]. Strategic Management Journal,1996,17 (S):55—84.

[115] Currall S C, Inkpen A C. A multilevel measurement approach to trust in joint ventures[J]. Journal of International Business Studies,2002,33(3):479—495.

[116] Currall S C, Epstein M J. The fragility of organizational trust: Lessons from the rise and fall of Enron[J]. Organizational Dynamics,2003,32(2):193—206.

[117] Lewin A Y, Volderba H W. Prolegomena on coevolution: A framework for research on strategy and new organizational forms [J]. Organization Science, 1999, 10 (5): 519—534.

[118] Currall S C, Inkpen A C. Strategic alliances and the evolution of trust across levels[A]// West M, Tjosvold D, Smith K. International Handbook of Organizational Teamwork and CooperativeWorking. New York: John Wiley and Sons,2003:533—549.

[119] Inkpen A C, Currall S C. The nature, antecedents and consequences of joint venture trust [J]. Journal of International Management,1998,4(1):1—20.

[120] Inkpen A C, Currall S C. The co-evolution of trust, control and learning in joint ventures

[J]. Organization Science,2004,15(5):586—599.

[121] 晏艳阳,刘弢. 经济学层面上的道德、信任、信用与征信[J]. 财经理论与实践,2006,3: 15—21.

[122] 文建东. 诚信、信任与经济学:国内外研究评述[J]. 福建论坛(人文社会科学版),2007, 10:20—24.

[123] 张贯一. 信任、信誉和信用的逻辑[J]. 郑州经济管理干部学院学报,2006,3:23—26.

[124] Bigley G A,Pearce J L. Straining for shared meaning in organization science:Problems of trust and distrust[J]. Academy of Management Review,1998,23(3):405—421.

[125] Baldwin M W. Relational schemas and the processing of social information[J]. Psychological Bulletin,1992,112(3):461—484.

[126] Mishra A K. Organizational responses to crisis:The centrality of trust[A]// Kramer R M, Tyler T R. Trust in Organizations:Frontiers of Theory and Research. Thousand Oaks: Sage Publications,1996:261—287.

[127] Berg J,Dickhaut J,McCabe K. Trust,Reciprocity and social history[R]. Working Paper, University of Minnesota,Minneapolis,1995.

[128] Kramer R M. The sinister attribution error:Paranoid cognition and collective distrust in organizations[J]. Motivation and Emotion,1994,18(2):199—230.

[129] Lewicki R J,Bunker B B. Trust in relationships:A model of trust development and decline [A]// Bunker B B,Rubin J Z. Conflict,Cooperation and Justice. San Francisco:Jossey-Bass,1995:133—173.

[130] Shapiro D L,Sheppard B H,Cheraskin L. Business on a handshake[J]. Negotiation Journal,1992,8(4):365—377.

[131] Holmes J G. Trust and the appraisal process in close relationships[A]// Jones W H,Perlman D. Advances in Personal Relationships. London:Jessica Kingsley Publishers,1991,2: 57—104.

[132] Mayer R C,Davis J H,Schoorman F D. An integrative model of organizational trust[J]. Academy of Management Review,1995,20(3):709—734.

[133] Currall S C,Judge T A. Measuring trust between organizational boundary role persons[J]. Organizational Behavior and Human Decision Processes,1995,64:151—170.

[134] McKnight D H,Cummings L L,Chervany N L. Initial trust formation in new organizational relationships[J]. Academy of Management Review,1998,23(3):473—490.

[135] Riker W H. The nature of trust[A]// Tedeschi J T. Perspectives on Social Power. Chicago:Aldine,1971 :63—81.

[136] Goldsteen R,Schorr J K,Goldsteen K S. Longitudinal study of appraisal at three mile island:Implications for life event research[J]. Social Science and Medicine,1989,28(4): 389—398.

[137] Wrightsman L S. Interpersonal trust and attitudes toward human nature[A]// Robinson J P,Shaver P R,Wrightsman L S. Measures of Personality and Social Psychological Atti-

tudes. San Diego: Academic Press, 1991.

[138] Bhattacherjee A. Individual trust in online firms: Scale development and initial test[J]. Journal of Management Information Systems, 2002, 19(1): 211—241.

[139] Gefen D. Building users' trust in freeware providers and the effects of this trust on users' perceptions of usefulness, ease of use and intended use[PhD]. Atlanta: Georgia State University, 1997.

[140] Dobing B. Building trust in user-analyst relationships[PhD]. Minneapolis: University of Minnesota, 1993.

[141] Massa M, Simonov A. Reputation and interdealer trading: Microstructure analysis of he treasury bond market[J]. Journal of Financial Markets, 2003, (6): 99—141.

[142] Wilson D T. An integrated model of buyer-supplier relationships[J]. Journal of the Academy of Marketing Science, 1995, 23(4): 335—345.

[143] Kotha S, Rajgopal S, Rindova V. Reputation building and performance: An empirical analysis of the Top-50 pure internet firms[J]. European Management Journal, 2001, (6): 571—586.

[144] Chiles T H, McMackin J F. Integrating variable risk preferences, trust and transaction cost economics[J]. Academic of Manage Review, 1996, 21(1): 73—99.

[145] Sako M. Prices, Quality and Trust: How Japanese and British Companies Manage Buyer Supplier Relation[M]. Cambridge: Cambridge University Press, 1991.

[146] Cook J, Wall T. New work attitude measures of trust, organizational commitment and personal need non-fulfillment[J]. Journal of Occupational Psychology, 1980, 53 (1): 39—52.

[147] Butler J K. Toward understanding and measuring conditions of trust: Evolution of a condition of trust inventory[J]. Journal of Management, 1991, 17(3): 643—663.

[148] Booth B E. Processes and the evolution of trust in inter-firm collaborative relationships: A longitudinal study[PhD]. Chicago Northwest University, 1998.

[149] 张延锋. 战略联盟中合作风险与信任、控制间关系的实证研究[J]. 研究与发展管理, 2006, 05: 29—35.

[150] Wood G, McDermott P, Swan W. The ethical benefits of trust-based partnering: The example of the construction industry[J]. Business Ethics: A European Review, 2002, 11(1): 4—13.

[151] Tabachnick B G, Fidell L S. Using Multivariate Statistics (5th Ed.)[M]. Needham Heights, MA: Allyn and Bacon, 2007.

[152] 黄芳铭. 结构方程模式——理论与应用[M]. 北京: 中国税务出版社会, 2005.

[153] 邱皓政. 结构方程模型——LISREL 的理论、技术与应用[M]. 台北: 双叶书廊, 2005.

[154] 吴明隆. 结构方程模型——AMOS 的操纵与应用[M]. 重庆: 重庆大学出版社, 2010.

[155] DeVellis R F. Scale Development: Theory and Applications (Applied Social Research Methods Series)[M]. Newbury Park: Sage Publications, 1991.

[156] Kline R B. Principle and Practice of Structural Equation Modeling[M]. New York: Guil-

ford Press,1998.

[157] McKnight D H,Choudhury V,Kacmar C J. Developing and validating trust measures for e-commerce:An integrative typology[J]. Information Systems Research, 2002, 13 (3): 334—359.

[158] Doney P M,Canon J P. An examination of the nature of trust in buyer-seller relationships [J]. Journal of Marketing,1997,61:35—51.

[159] Hatush Z, Skitmore M R. Contractor selection using multi-criteria utility theory: An additive model[J]. Building and Environment,1998,33(2—3):105—115.

[160] Palaneeswaran E,Kumaraswamy M M. Contractor selection for design/build projects[J]. Journal of Construction Engineering and Management,2000,126(5):331—339.

[161] Cheng E W L,Li H. Contractor selection using the analytic network process[J]. Construction Management and Economics,2004,22(12):1021—1032.

[162] Singh D,Tiong R. A fuzzy decision framework for contractor selection[J]. Journal of Construction Engineering and Management,2005,131(1):62—70.

[163] Hu L, Bentler P M. Fit indices in covariance structure modeling: Sensitivity to under-parameterized model misspecification[J]. Psychological Methods,1998,3(4):424—453.

[164] Marsh H W, Balla J R, McDonald R P. Goodness-of-fit indexes in confirmatory factor analysis:The effect of sample size[J]. Psychological Bulletin,1988,103 (3):391—410.

[165] Jackson D L. Sample size and number of parameter estimates in maximum likelihood confirmatory factor analysis:A monte carlo investigation[J]. Structural Equation Modeling:A Multidisciplinary Journal,2003,8(2):205—223.

[166] Kramer R M,Brewer M B,Hanna B A. Collective trust and collective action:The decision to trust as a social decision[A]∥Kramer R M,Tyler T R. Trust in Organizations:Frontiers of Theory and Research. Thousand Oaks,CA:Sage,1996:357—389.

[167] Zucker L G,Darby M R, Brewer M B, et al. Collaboration structure and information dilemmas in biotechnology:Organizational boundaries as trust production[A]∥Kramer R M,Tyler T R. Trust in Organizations:Frontiers of Theory and Research. Thousand Oaks, CA:Sage,1996:90—113.

[168] Powell W W. Trust-based forms of governance[A]∥Kramer R M,Tyler T R. Trust in Organizations:Frontiers of Theory and Research. Thousand Oaks, CA: Sage, 1996: 51—67.

[169] Orbell J,Dawes R,Schwartz-Shea P. Trust,social categories and individuals:The case of gender[J]. Motivation and Emotion,1994,18(2):109—128.

[170] Davis F D. Perceived usefulness,perceived ease of use and user acceptance of information technology[J]. MIS Quarterly,1989,13(3):319—340.

[171] Fazio R H,Zanna M P. Direct experience and attitude-behavior consistency[A]∥Berkowitz L. Advances in Experimental Social Psychology[M]. New York:Academic Press,1981: 162—202.

[172] Kramer R M. Divergent realities and convergent disappointments in the hierarchic relation: Trust and the intuitive auditor at work[A] // Kramer R M, Tyler T R. Trust in Organizations: Frontiers of Theory and Research. Thousand Oaks: Sage Publications, 1996: 216—245.

[173] Sitkin S B, Pablo A L. Reconceptualizing the determinants of risk behavior[J]. Academy of Management Review, 1992, 17(1): 9—38.

[174] Robinson S L. Trust and breach of the psychological contract[J]. Administrative Science Quarterly, 1996, 41(4): 574 —599.

[175] Alchian A A, Woodward S. The firm is dead: Long live the firm[J]. Journal of Economic Literature, 1988, 26(1): 65—79.

[176] Holmstrom B. Moral hazard and observability[J]. Bell Journal of Economics, 1979, 10(1): 74—91.

[177] Ghoshal S, Moran P. Bad for practice: A critique of the transaction cost theory[J]. Academy of Management Review, 1996, 21(1): 13—47.

[178] Heide J B, John G. Do norms matter in marketing relationships[J]. Journal of Marketing, 1992, 56(2): 32—44.

[179] Rindfleisch A, Heide J. Transaction cost analysis: Past, present and future applications[J]. Journal of Marketing, 1997, 61: 30—54.

[180] Walker G, Weber D. A transaction cost approach to make or buy decisions[J]. Administrative Science Quarterly , 1984, 29: 373—391.

[181] Lewicki R J, McAllister D J, Bies R J. Trust and distrust: New relationships and realities [J]. Academy of Management Review, 1998, 23(2): 438—458.

[182] Ring P S, Van de Ven A H. Developmental processes of cooperative interorganizational relationships[J]. Academy of Management Review, 1994, 19: 90—118.

[183] Sheppard B H, Sherman D M. The grammars of trust: A model and general implications [J]. Academy of Management Review, 1998, 23(3): 422—437.

[184] Lewicki R J, Bunker B B. Developing and maintaining trust in work relationships[A] // Trust in Organizations: Frontiers of Theory and Research. Thousand Oaks, CA: Sage Publications, 1996: 114—139.

[185] Morgan R M, Hunt S D. The commitment-trust theory of relationship marketing[J]. Journal of Marketing, 1994, 58(3): 20—38.

[186] Shapiro D L, Sheppard B H, Cheraskin L. Business on a handshake[J]. Negotiation Journal, 1992, 8(4): 365—377.

[187] Gulati R, Khanna T, Nohria N. Unilateral com-mitments and the importance of process in alliances[J]. Sloan Management Review, 1994, 35(3): 61—69.

[188] Koza K L, Dant R P. Effects of relationship climate, control mechanism and communications on conflict resolution behavior and performance outcomes[J]. Journal of Retailing, 2007, 83(3): 279—296.

[189] Lorenzoni G,Lipparini A. The leveraging of interfirm relationships as a distinctive organizational capability:A longitudinal study[J]. Strategic Management Journal,1999,20(4): 317—338.

[190] Lusch R E,Brown J R. Interdependency,contracting and relational behavior in marketing channels[J]. Journal of Marketing,1996,60(4):19—39.

[191] Mohr J,Spekman R. Characteristics of partnership success:Partnership attributes,communication behavior and conflict resolution techniques[J]. Strategic Management Journal, 1994,15(2):135—152.

[192] Noordewier T G,John G,Nevin J R. Performance outcomes of purchasing arrangements in industrial buyer-vendor relationships[J]. Journal of Marketing,1990,54(4):80—93.

[193] Gulati R. Does familiarity breed trust:The implications of repeated ties for contractual choice in alliances[J]. Academy of Management Journal,1995,38(1):85— 112.

[194] Zaheer A,Venkatraman N. Relational governance as an interorganizational strategy:An empirical test of the role of trust in economic exchange[J]. Strategic Management Journal, 1995,16(5):373—392.

[195] Wong W K. A trust inventory for use in the construction industry[D]. Hong Kong:City University of Hong Kong,2007.

[196] Uzzi B. Social structure and competition in interfirm networks:The paradox of embeddedness[J]. Administrative Science Quarterly,1997,42(1):35—67.

[197] Dyer J H. Effective interfirm collaboration:How firms minimize transaction costs and maximize transaction value[J]. Strategic Management Journal,1997,18(7):535—556.

[198] Lewis M W. Exploring paradox:Toward a more comprehensive guide[J]. Academy of Management Review,2000,25(4):760—776.

[199] Lado A A,Boyd N G,Wright P,et al. Paradox and theorizing within the resource-based view[J]. Academy of Management Review,2006,31(1):115—131.

[200] Ford J D,Ford L W. Logics of identity,contradiction and attraction in change[J]. Academy of Management Review,1994,19(4):756—785.

[201] Denison D R,Hooijberg R,Quinn R E. Paradox and performance:Toward a theory of behavioral complexity in managerial leadership[J]. Organization Science,1995,6(5):524—540.

[202] Gibson C R,Birkinshaw J. The antecedents,consequences and mediating role of organizational ambidexterity[J]. Academy of Management Journal,2004,47(2):209—226.

[203] Hooijberg R. A multidirectional approach toward leadership:An extension of the concept of behavioral complexity[J]. Human Relations,1996,49(7):917—946.

[204] Hart S,Banbury C. How strategy-making processes can make a difference[J]. Strategic Management Journal,1994,15(4):251—269.

[205] Sitkin S B,Roth N L. Explaining the limited effectiveness of legalistic 'remedies' for trust/distrust[J]. Organization Science,1993,4(3):367—392.

[206] Bottom W P,Gibson K,Daniels S E,et al. When talk is not cheap:Substantive penance and

expressions of intent in rebuilding cooperation[J]. Organization Science, 2002, 13: 497—513.

[207] Lusch R E, Brown J R. Interdependency, contracting and relational behavior in marketing channels[J]. Journal of Marketing, 1996, 60(4):19—39.

[208] Carr A S, Pearson J N. Strategically managed buyer-seller relationships and performance outcomes[J]. Journal of Operations Management, 1999, 17:497—519.

[209] Chen I J, Paulraj A, Lado A. Strategic purchasing, supply management and performance [J]. Journal of Operations Management, 2004, 22(5):505—523.

[210] Li Z G, Dant R P. An exploratory study of exclusive dealing in channel relationships[J]. Journal of the Academy of Marketing Science, 1997, 25:201—213.

[211] Brikinshaw J, Gibson C. Building ambidexterity into an organization[J]. Sloan Management Review, 2004, 45(4):46—55.

[212] Caldwell C, Clapham S E. Organizational trustworthiness: An international perspective[J]. Journal of Business Ethics, 2003, 47(4):349—364.

[213] Kanawattanachai P, Yoo Y. Dynamic nature of trust in virtual teams[R]//Sprouts: Working Papers on Information Systems, Cleveland: Case Western Reserve University, 2002.

[214] John G. An empirical investigation of some antecedents of opportunism in a marketing channel[J]. Journal of Marketing Research, 1984, 21:278—289.

[215] Dwyer F R, Oh S. Output sector munificence effects on the internal political economy of marketing channels[J]. Journal of Marketing Research, 1987, 24(4):347—358.

[216] Kaufmann P J, Dant R P. Dimensions of commercial exchange[J]. Marketing Letters, 1992, 3:171—185.

[217] Pinto J K, Slevin D P, English B. Trust in projects: An empirical assessment of owner/contractor relationships[J]. International Journal of Project Management, 2009, 27(6):638—648.

[218] Chan D W M, Kumaraswamy M M. An evaluation of construction time performance in the building industry[J]. Building and Environment, 1996, 31(6):569—578.

[219] Xiao H, Proverbs D. The performance of contractors in Japan, the UK and the USA: A comparative evaluation of construction cost[J]. Construction Management and Econonics, 2002, 20(5):425—435.

[220] Edwards J R. The study of congruence in organizational behavior research: Critique and proposed alternative[J]. Organizational Behavior and Human Decision Processes, 1994, 58: 683—689.

[221] Edwards J R, Parry M E. On the use of polynomial regression equations as an alternative to difference scores in organizational research[J]. Academy of Management Journal, 1993, 36(6):1577—1613.

[222] Lambert L S, Edwards J R, Cable D M. Breach and fulfillment of the psychological contract: A comparison of traditional and expanded views[J]. Personnel Psychology, 2003, 56: 895—934.